Wahrscheinlichkeitsrechnung und Statistik

Eine Einführung für Ingenieure

von

Prof. Dr. Alan Rüegg

Eidgenössische Technische Hochschule,
Lausanne

Mit 15 Bildern und 5 Tabellen

R. Oldenbourg Verlag München Wien 1986

Die französischsprachige Originalausgabe „*Probabilités et statistique*" ist erschienen im Verlag Presses Polytechniques Romandes.

© 1985 Presses polytechniques romandes, Lausanne
Deutsche Fassung vom Verfasser

CIP-Kurztitelaufnahme der Deutschen Bibliothek

Rüegg, Alan:
Wahrscheinlichkeitsrechnung und Statistik : e.
Einf. für Ingenieure / von Alan Rüegg. –
München ; Wien : Oldenbourg, 1986.
　Einheitssacht.: Probabilités et statistique ⟨dt.⟩
　ISBN 3-486-20259-6

© 1986 R. Oldenbourg Verlag GmbH, München

Das Werk und seine Teile sind urheberrechtlich geschützt. Jede Verwertung in anderen als den gesetzlich zugelassenen Fällen bedarf deshalb der vorherigen schriftlichen Einwilligung des Verlages.

Gesamtherstellung: R. Oldenbourg Graphische Betriebe GmbH, München

ISBN 3-486-20259-6

Inhaltsverzeichnis

Vorwort 9

Kapitel 1
Ereignisse und Wahrscheinlichkeit

1.1	Einführung	11
1.2	Stochastische Experimente und Ereignisse	12
1.2.1	Stochastische Experimente	12
1.2.2	Ergebnismenge, Ereignis	13
1.2.3	Rechnen mit Ereignissen	13
1.2.4	Produkträume und zusammengesetzte Experimente	15
1.3	Wahrscheinlichkeit	16
1.3.1	Wahrscheinlichkeitsraum	16
1.3.2	Elementare Eigenschaften eines Wahrscheinlichkeitsmaßes	17
1.3.3	Produktwahrscheinlichkeitsraum	18
1.4	Herleitung von Wahrscheinlichkeitsmaßen	20
1.4.1	Einführung	20
1.4.2	Diskrete Gleichverteilung	20
1.4.3	Stetige Gleichverteilung	21
1.4.4	Statistische Definition der Wahrscheinlichkeit	23
1.5	Hilfsmittel der Kombinatorik	23
1.5.1	Einführung	23
1.5.2	Fundamentalsatz der Kombinatorik	24
1.5.3	Anzahl Teilmengen von gegebenem Umfang	24
1.5.4	Permutationen mit Wiederholung	25
1.6	Aufgaben	26

Kapitel 2
Bedingte Wahrscheinlichkeit und stochastische Unabhängigkeit

2.1	Bedingte Wahrscheinlichkeit	29
2.2	Sätze über bedingte Wahrscheinlichkeiten	30
2.2.1	Multiplikationssatz	31
2.2.2	Satz von der totalen Wahrscheinlichkeit	31
2.2.3	Satz von Bayes	32
2.2.4	Baumdiagramme	32
2.3	Stochastische Unabhängigkeit	34
2.3.1	Definition	34
2.3.2	Bemerkungen	34
2.4	Die Urnenmodelle	35
2.4.1	Verschiedene Arten, Kugeln zu ziehen	35
2.4.2	Urne mit zwei Kugelarten	36
2.5	Anwendung auf Zuverlässigkeitsprobleme	38
2.5.1	Einführung	38
2.5.2	Zuverlässigkeit von Systemen	38
2.5.3	Zuverlassigkeitsschaltbilder	39
2.6	Aufgaben	41

Kapitel 3
Diskrete Zufallsvariable

3.1	Zufallsvariable	45
3.1.1	Definition und Beispiele	45
3.1.2	Bemerkungen	46
3.2	Diskrete Zufallsvariable	46
3.2.1	Wahrscheinlichkeitsverteilung einer diskreten Zufallsvariablen	46
3.2.2	Bemerkungen	47
3.2.3	Berechnung einer diskreten Wahrscheinlichkeitsverteilung	48
3.3	Wichtige diskrete Verteilungen	49
3.3.1	Bernoulliverteilung	49
3.3.2	Diskrete Gleichverteilung	49
3.3.3	Binomialverteilung	50
3.3.4	Geometrische Verteilung	50
3.3.5	Poissonverteilung	51
3.3.6	Weitere diskrete Verteilungen	52
3.4	Erwartungswert und Varianz	53
3.4.1	Definitionen	53
3.4.2	Eigenschaften	54
3.4.3	Funktionen einer diskreten Zufallsvariablen	55
3.4.4	Beispiel: Ankunft von Öltankern in einem Hafen	56
3.5	Erwartungswert und Varianz einiger wichtiger diskreter Verteilungen	56
3.5.1	Ergebnisse	56
3.5.2	Beweise	57
3.5.3	Beispiel: Eintreffen von Kunden vor einem Schalter	59
3.6	Aufgaben	59

Kapitel 4
Stetige Zufallsvariable

4.1	Verteilung einer stetigen Zufallsvariablen	63
4.1.1	Einführung	63
4.1.2	Wahrscheinlichkeitsdichte	63
4.1.3	Verteilungsfunktion	65
4.1.4	Mischverteilungen	67
4.1.5	Bemerkung	67
4.2	Funktionen einer stetigen Zufallsvariablen	68
4.3	Wichtige stetige Verteilungen	69
4.3.1	Einführung	69
4.3.2	Stetige Gleichverteilung	70
4.3.3	Exponentialverteilung	70
4.3.4	Standardnormalverteilung	70
4.3.5	Normalverteilung	71
4.3.6	Weitere stetige Verteilungen	72
4.4	Erwartungswert und Varianz	73
4.4.1	Definition und Eigenschaften	73
4.4.2	Erwartungswert und Varianz der wichtigsten stetigen Verteilungen	74
4.5	Gebrauch der Tabelle der Normalverteilung	75
4.5.1	Standardnormalverteilung	75
4.5.2	Normalverteilung	75

4.5.3	Bezüglich μ symmetrische Intervalle	76
4.6	Anwendungen auf Zuverlässigkeitsprobleme	76
4.6.1	Zeitabhängige Zuverlässigkeit eines Gerätes	76
4.6.2	Exponentialverteilte Lebensdauer	78
4.7	Aufgaben	78

Kapitel 5
Mehrdimensionale Zufallsvariable

5.1	Zweidimensionale Zufallsvariable	81
5.1.1	Einführung	81
5.1.2	Diskrete zweidimensionale Zufallsvariable	82
5.1.3	Stetige zweidimensionale Zufallsvariable	83
5.1.4	Unabhängigkeit zweier Zufallsvariablen	85
5.2	Kovarianz und linearer Korrelationskoeffizient	86
5.2.1	Moment eines zweidimensionalen Zufallsvektors, Kovarianz	86
5.2.2	Stochastische Abhängigkeit zweier Zufallsvariablen	87
5.3	Summen von Zufallsvariablen	89
5.3.1	Einführung	89
5.3.2	Momente einer Summe von Zufallsvariablen	90
5.3.3	Wahrscheinlichkeitsverteilung einer Summe von Zufallsvariablen	91
5.3.4	Additivität von Verteilungen	93
5.4	Anwendungen auf Zuverlässigkeitsprobleme	94
5.4.1	Zuverlässigkeit eines Systems	94
5.4.2	Passive Redundanz	95
5.4.3	Bemerkungen zum Poisson-Prozeß	96
5.5	Aufgaben	97

Kapitel 6
Grenzwertsätze und Approximationsmethoden

6.1	Approximation durch die Normalverteilung	101
6.1.1	Einführung	101
6.1.2	Zentraler Grenzwertsatz	101
6.1.3	Anwendung	102
6.2	Approximation der Binomialverteilung	103
6.2.1	Approximation durch die Normalverteilung	103
6.2.2	Approximation durch die Poissonverteilung	104
6.3	Approximation der Poissonverteilung durch die Normalverteilung	105
6.4	Aufgaben	106

Kapitel 7
Statistische Schätzung

7.1	Wahrscheinlichkeitsrechnung und mathematische Statistik	109
7.2	Punktschätzungen	110
7.2.1	Punktschätzung des Erwartungswertes	110
7.2.2	Allgemeine Bemerkungen zum Schätzproblem	111
7.2.3	Schätzwerte: Definition und Eigenschaften	112
7.2.4	Schätzfunktionen $\overline{X}$ und S^2	113
7.3	Intervallschätzung des Mittelwerts	114
7.3.1	Der Begriff des Vertrauensintervalls	114

7.3.2	Mittelwert einer Normalverteilung mit bekannter Varianz	115
7.3.3	Mittelwert einer Normalverteilung mit unbekannter Varianz	116
7.3.4	Stichproben von großem Umfang	117
7.4	Vergleich von zwei Mittelwerten	118
7.5	Intervallschätzung für andere Parameter	119
7.5.1	Schätzung einer Wahrscheinlichkeit	119
7.5.2	Schätzung der Varianz einer Normalverteilung	120
7.5.3	Allgemeine Anmerkungen zur Konstruktion eines Vertrauensintervalls	120
7.6	Minimaler Umfang einer Stichprobe	122
7.6.1	Einführung und Beispiele	122
7.6.2	Bemerkungen zum Gesetz der großen Zahlen	123
7.7	Aufgaben	124

Kapitel 8
Statistische Testverfahren

8.1	Überblick	127
8.1.1	Bestimmung einer theoretischen Wahrscheinlichkeitsverteilung	127
8.1.2	Testverfahren	127
8.2	Gammaverteilung und verwandte Verteilungen	128
8.2.1	Gammaverteilung	128
8.2.2	χ^2-Verteilung	129
8.2.3	Studentverteilung	131
8.3	Anpassungstests	132
8.3.1	Einführung	132
8.3.2	χ^2-Test	133
8.3.3	Bemerkungen	134
8.4	Parametertests	135
8.4.1	Einführung	135
8.4.2	Vergleich eines Mittelwerts mit einem Sollwert	136
8.4.3	Allgemeine Hinweise zu Parametertests	137
8.4.4	Zweiseitige und einseitige Tests	139
8.4.5	Parametertests und Intervallschätzung	140
8.5	Unabhängigkeitstests	140
8.5.1	Unabhängigkeit zweier Ereignisse	140
8.5.2	Unabhängigkeit zweier Merkmale	142
8.5.3	Unabhängigkeit zweier normalverteilter Variablen	143
8.6	Aufgaben	144

Anhang: Tabellen 149

Lösungen 155

Bibliographie 160

Sachverzeichnis 161

Vorwort

Dieses Werk stellt eine Einführung in die Wahrscheinlichkeitsrechnung und in die mathematische Statistik dar. Sein Ziel ist, den Leser mit den grundlegenden Begriffen und Methoden dieses Teilgebietes der Mathematik vertraut zu machen. Es wendet sich vor allem an Ingenieurstudenten im ersten und zweiten Studienjahr, zu deren mathematischer Ausbildung der vorliegenden Stoff einen wesentlichen Beitrag leistet. Von seiner Anlage ist es ebenfalls zum Selbststudium geeignet und kann z. B. dem Ingenieur aus der Praxis vermitteln, wie er den intuitiven Begriff des Zufalls mathematisch erfassen kann.

In den ersten Kapiteln werden die grundlegenden Begriffe der Wahrscheinlichkeit und der bedingten Wahrscheinlichkeit definiert. Sodann werden die äusserst nützlichen Begriffe der Zufallsvariablen und des Zufallsvektors eingeführt. Auf einen Beweis des zentralen Grenzwertsatzes wird verzichtet, dafür wird seine grosse praktische und theoretische Bedeutung vor Augen geführt.

Ziel der zwei letzten Kapitel ist, den Leser mit einigen Methoden der mathematischen Statistik vertraut zu machen. Dies geschieht aus der Überzeugung heraus, dass jede Einführung in die Wahrscheinlichkeitsrechnung auf die praktische Frage eingehen sollte, wie die Wahrscheinlichkeit eines Ereignisses numerisch bestimmt werden kann oder weshalb in einer gegebenen Situation eine bestimmte Wahrscheinlichkeitsverteilung verwendet wird.

Das Buch enthält ausserdem eine knappe Einführung in die Zuverlässigkeitstheorie. Diese stellt heute für Ingenieure verschiedener Richtungen ein wichtiges Anwendungsgebiet stochastischer Methoden dar. Ihre Grundlagen werden dem Leser in den Abschnitten 2.3, 4.6 und 5.4 vermittelt.

Der Band kann als Grundlage für eine Vorlesung verwendet werden, die sich während eines Semesters über 50 - 60 Stunden erstreckt, Übungsstunden mit inbegriffen. Zu seinem Verständnis werden nur elementare Kenntnisse der Differential- und Integralrechnung von Funktionen einer Variablen vorausgesetzt, mit Ausnahme des fünften Kapitels, wo Funktionen von zwei Variablen verwendet werden. Die Erarbeitung der Grundbegriffe fällt natürlich demjenigen Leser leichter, der mit den mengentheoretischen Operationen vertraut ist. Das Buch kann als Vorbereitung dienen für eine weiterführende Vorlesung über stochastische Prozesse (ein diesbezüglicher Band befindet sich in Vorbereitung) oder für eine vertiefte Einführung in die mathematische Statistik.

Der Autor war bestrebt, den richtigen Mittelweg zu finden zwischen einem Mindestmass mathematischer Strenge, ohne die ein solches Buch unverständlich wird, und dem berechtigten Anliegen der meisten Ingenieurstudenten, sich nicht mit theoretischen Begriffen herumschlagen zu müssen, deren Nutzen ihnen nicht einleuchtet. Auf einige formale Definitionen (vor allem im Zusammenhang mit stetigen Zufallsvariablen) und Beweise wurde deshalb verzichtet, dies im Bestreben, der praktischen Handhabung der eingeführten Begriffe mehr Gewicht zu verleihen.

Um den Charakter eines Einführungswerkes zu wahren, wurde ebenfalls darauf verzichtet, fortgeschrittenere mathematische Konzepte wie etwa charakteristische Funktionen, erzeugende Funktionen oder Stieltjesintegrale einzuführen. Aus demselben Grunde wurde davon Abstand genommen, dem statistischen Teil noch ein Kapitel über Regressionsrechnung anzufügen.

Um den Umfang und damit den Preis dieses Buches in erträglichen Grenzen halten zu können, werden gelegentlich einzelne Berechnungs- oder Beweisschritte weggelassen, deren selbstständige Erarbeitung dem interessierten Leser zugemutet werden darf und für ihn sogar einen Gewinn darstellt.

Für manche Studenten hat die Wahrscheinlichkeitsrechnung den Ruf eines schwerverständlichen Gebietes. Die Erfahrung zeigt, dass dabei weniger die verwendeten mathematischen Begriffe gemeint sind, sondern vielmehr die Schwierigkeiten, welche auftreten, wenn konkrete Situationen durch stochastische Modelle beschrieben werden sollen. Demgemäss eignet sich die Wahrscheinlichkeitsrechnung ausgesprochen gut, um die Fähigkeit zu entwickeln, mathematische Modelle zu konstruieren, eine Fähigkeit, die in der Ausbildung jedes Ingenieurs eine wichtige Rolle spielen sollte. Wir sind deshalb der Ansicht, dass der Student sich nicht damit begnügen darf, die behandelten Definitionen und Resultate zur Kenntnis zu nehmen und eventuell noch auswendig zu lernen. Vielmehr ist es unumgänglich, zahlreiche Aufgaben zu lösen und dabei die Lösungsschritte auch begründen zu können. Aus diesem Grund enthält jedes Kapitel viele gelöste Beispiele sowie einen Abschnitt mit Übungsaufgaben, deren Ergebnisse der Leser im Anhang vorfindet.

Die Druckvorlage wurde mit Hilfe des Textverarbeitungssystems Andra, Version 1.7 auf dem Modula-Computer (Lilith) editiert und auf dem Vorläufer des ERDIS-Typographiesystems mit einem Laserdrucker ausgedruckt.

Dem Autor bleibt schliesslich noch die angenehme Aufgabe, Frau Dagmar Kryn, dipl. math., zu danken für ihre Mitarbeit bei der Übertragung des Orginaltextes ins Deutsche.

Lausanne, April 1986   A. Rüegg

KAPITEL 1:
Ereignisse und Wahrscheinlichkeit

1.1 Einführung

Die Aufgabe der Wahrscheinlichkeitsrechnung besteht darin, das intuitiv vorhandene Konzept des Zufalls mathematisch zu erfassen. Ihre Wurzeln reichen bis ins 17. Jahrhundert, als berühmte Mathematiker wie Pascal, Fermat und Jaques Bernoulli Fragen im Zusammenhang mit Glücksspielen nachgingen. Als "Theorie des Glücksspiels" stand sie daher von Anfang an etwas am Rande der anderen mathematischen Disziplinen. Zu Beginn war sie tatsächlich nicht mehr als eine Zusammenstellung algebraischer und kombinatorischer Methoden.

Ausgehend von Fragestellungen der Bevölkerungsstatistik, der Biologie sowie der Fehlerrechnung hat die Wahrscheinlichkeitsrechnung seitdem eine steigende Anzahl von Anwendungen in wissenschaftlich relevanteren Bereichen gefunden. Im 20. Jahrhundert werden die Methoden der Wahrscheinlichkeitsrechnung und Statistik mehr und mehr von so verschiedenen Disziplinen wie Naturwissenschaft und Technik bis hin zu Wirtschafts- und Sozialwissenschaften benutzt. Sie ermöglichen die quantitative Erfassung von Phänomenen, für die sich die deterministischen Methoden der Mathematik als unzureichend erweisen.

Die Ausdehnung der Wahrscheinlichkeitsrechnung über das Gebiet der Glücksspiele hinaus war nur möglich aufgrund einer entsprechenden theoretischen Entwicklung, zu der zahlreiche Mathematiker beigetragen haben. Erst in der ersten Hälfte des 20. Jahrhunderts wurde ein axiomatisches System geschaffen, das die Wahrscheinlichkeitsrechnung auf eine solide theoretische Grundlage stellte und sie somit zum vollwertigen Teilgebiet der Mathematik erhob.

Der Ingenieur, an den sich dieses Werk in erster Linie wendet, steht nicht abseits dieser Entwicklung. Betrachten wir einige technische Probleme, die mit Hilfe der Wahrscheinlichkeitsrechnung gelöst werden können:

- Die zeitliche Verteilung der in einer Telefonzentrale ankommenden Anrufe ist nicht voraussagbar. Die Untersuchung dieses Problems führte zur Theorie der Wartesysteme.

- Um Störungen bei der Signalübertragung durch "Zufallsrauschen" besser zu erkennen, entwickelte man verschiedenen Methoden in der Signalverarbeitung.

- Die Zeitspanne von der Inbetriebnahme bis zum Ausfall eines technischen Geräts (d. h. seine Lebensdauer) ist im allgemeinen nicht im voraus bekannt. Diese einfache Feststellung war Ausgangspunkt eines neuen, typisch interdisziplinären Gebietes, der Zuverlässigkeitstheorie.

- Qualitätskontrollen können selten an allen produzierten Artikeln durchgeführt werden. Daher untersucht man häufig nur zufällig ausgewählte Stichproben.

Um solche konkreten Probleme anzugehen, konstruiert man mit Hilfe der Wahrscheinlichkeitstheorie mathematische Modelle, die den zu untersuchenden Sachverhalt möglichst genau wiedergeben. Dabei geht man von gewissen Grundannahmen aus und stützt sich überdies auf Beobachtungen von empirisch zugänglichen Grössen. Jede wahrscheinlichkeitstheoretische Untersuchung vollzieht sich stets im Rahmen eines derartigen Modells. Es wäre daher falsch, anzunehmen, man könne mit solchen Methoden "mathematisch beweisen", dass sich Ereignisse der realen Welt tatsächlich auf eine bestimmte Weise abspielen.

Dabei drängt sich natürlich die Frage nach der Angemessenheit eines mathematischen Modells auf; bietet dieses ein genügend treues Abbild des zu beschreibenden Phänomens, oder ist es angebracht, nach Verbesserungen zu suchen? Die mathematische Statistik, eine der Wahrscheinlichkeitstheorie eng verwandte Disziplin, hat zahlreiche Methoden zur Beantwortung solcher Fragen entwickelt.

1.2 Stochastische Experimente und Ereignisse

1.2.1 Stochastische Experimente

Ein Experiment heisst *stochastisch* oder *Zufallsexperiment*, falls es unmöglich ist, sein Ergebnis vorauszusehen. Nimmt man an, das Experiment sei unter gleichen Bedingungen beliebig oft wiederholbar, so kann sich also sein Ergebnis von einer Realisierung zur nächsten ändern.

Beispiele:

- Man notiert als Ergebnis beim Würfeln die Augenzahl.
- Man wirft eine Münze 3 Mal und erhält eines der 8 möglichen Ergebnisse: KKK, KKZ, ... , ZZZ, wobei wie üblich K für Kopf und Z für Zahl steht.
- Eine Lieferung enthalte eine gewisse Anzahl beschädigter Gegenstände. Man entnimmt der Gesamtmenge auf zufällige Weise n Stück und notiert die Anzahl der beschädigten Gegenstände.
- Man würfelt, bis zum ersten Mal eine "6" fällt und bestimmt die dazu notwendigen Würfe.
- Man misst die Lebensdauer eines technischen Geräts, welches auf zufällige Weise aus einer grossen Menge identischer Geräte ausgewählt wurde. ∎

1.2.2 Ergebnismenge, Ereignis

Die Menge aller Ergebnisse eines Zufallsexperiments heisst *Ergebnismenge* oder *Elementarereignisraum* und wird mit Ω bezeichnet.

Je nach Art des Experiments kann Ω dabei

- endlich   (erste drei Beispiele aus § 1.2.1)
- abzählbar unendlich   (viertes Beispiel aus § 1.2.1)
- überabzählbar unendlich (fünftes Beispiel aus § 1.2.1)

sein.

Ein *Ereignis* ist eine Teilmenge von Ω. Man sagt, dass ein Ereignis A *stattfindet* oder *eintritt*, falls das bei der Durchführung auftretende Ergebnis ω zur Teilmenge A von Ω gehört: $\omega \in A$. Falls insbesondere A nur aus einem Element besteht, so spricht man von einem *Elementarereignis*.

Entsprechend ordnet man der leeren Menge $\emptyset$ das sogenannte *unmögliche Ereignis* zu, das niemals stattfindet, und der Menge Ω selbst das sogenannte *sichere Ereignis*, das immer stattfindet.

Beispiel (Würfeln): Sei 4 die erhaltene Augenzahl beim Wurf eines Würfels. Dann sind unter anderem die folgenden Ereignisse eingetreten:

- Das Elementarereignis $\{4\}$
- A = " gerade Augenzahl " = $\{2,4,6\}$
- B = " Augenzahl $\geq$ 4 " = $\{4,5,6\}$
- Ω = $\{1,2,3,4,5,6\}$. ∎

Untersucht man nur einen speziellen Aspekt eines stochastischen Experiments, so wird man gegebenenfalls die oben definierte Ergebnismenge Ω durch eine Menge ersetzen, welche weniger Elemente enthält. Falls man sich im 2. Beispiel des Paragraphen 1.2.1 nur für die Anzahl "Kopf" interessiert, so kann man eine neue Ergebnismenge Ω' definieren, die folgende 4 Elemente enthält: E_0', E_1', E_2' und E_3', wobei zum Beispiel $E_3' = \{KKK\}$. Offensichtlich enthält Ω' weniger Informationen über die Ergebnisse des Experiments als die ursprünglich definierte 8-elementige Menge Ω.

1.2.3 Rechnen mit Ereignissen

Die zu einem stochastischen Experiment gehörenden Ereignisse bilden definitionsgemäss Teilmengen einer Ergebnismenge Ω. Daher ist es naheliegend, *Operationen* mit Ereignissen analog zu den als bekannt vorausgesetzten Operationen mit Mengen zu definieren. So ist

- $A \cup B$ das Ereignis, welches stattfindet, falls zumindest eins der beiden Ereignisse A oder B eintritt:

$$\omega \in A \cup B \iff \omega \in A \text{ oder } \omega \in B.$$

$A \cup B$ heisst *Vereinigung* von A und B oder Ereignis "A oder B".

- $A \cap B$ ist das Ereignis, welches stattfindet, falls sowohl A als auch B eintreten:

$\omega \in A \cap B \iff \omega \in A$ und $\omega \in B$.

$A \cap B$ heisst *Durchschnitt* von A und B oder auch Ereignis "A und B".

- $\bar{A}$ ist das Ereignis, welches genau dann stattfindet, falls A nicht eintritt:

$$\omega \in \bar{A} \iff \omega \notin A.$$

$\bar{A}$ heisst *Komplementärereignis* zu A.

Zwei Ereignisse A und B sind *disjunkt* oder schliessen sich gegenseitig aus, falls sie nicht gleichzeitig stattfinden können., d. h. falls $A \cap B = \emptyset$.

Man sagt, ein Ereignis B *folgt aus* einem Ereignis A, oder auch A *impliziert* B, falls mit A jeweils auch B stattfindet:

$$\omega \in A \implies \omega \in B ;$$

dies bedeutet natürlich, dass $A \subset B$.

Eine *Zerlegung* oder auch *Partition* von Ω ist eine endliche oder abzählbare Familie von Ereignissen $A_1, A_2, ..., A_n, ...$, welche nicht-leer und paarweise disjunkt sind und für die $A_1 \cup A_2 \cup ... \cup A_n \cup ... = \Omega$ gilt.

Die oben definierten Operationen auf Ereignissen haben die folgenden *Eigenschaften*, welche wiederum analog zu denen der Mengenlehre gelten:

- $A \cap (B \cup C) = (A \cap B) \cup (A \cap C)$ ⎫
- $A \cup (B \cap C) = (A \cup B) \cap (A \cup C)$ ⎬ Distributivität
- $\overline{A \cap B} = \bar{A} \cup \bar{B}$ ⎫
- $\overline{A \cup B} = \bar{A} \cap \bar{B}$ ⎬ Gesetze von De Morgan
- $\bar{\bar{A}} = A$.

Beispiel (Würfeln): Beim Wurf eines Würfels sei A = "gerade Augenzahl" und B = "Augenzahl ≥ 4". Dann ist $A \cup B = \{2,4,5,6\}$, $A \cap B = \{4,6\}$ und $\bar{A}$ = "ungerade Augenzahl".

Man beachte, dass die Ereignisse A und $\bar{A}$ eine Zerlegung von Ω bilden. ∎

Beispiel (Zuverlässigkeit zweier Maschinen): Eine Produktionseinheit benutzt zwei Maschinen. Jede von ihnen kann während einer fest vorgegebenen Zeitspanne ausfallen. Man betrachte die folgenden Ereignisse:

- A_1 = "die erste Maschine funktioniert (während der gesamten Zeit)"
- A_2 = "die zweite Maschine funktioniert"
- B_k = "genau k Maschinen funktionieren" (k = 0,1,2)
- C = "mindestens eine Maschine funktioniert".

Dann gilt:

$$B_0 = \overline{A}_1 \cap \overline{A}_2, \qquad B_1 = (\overline{A}_1 \cap A_2) \cup (A_1 \cap \overline{A}_2)$$
$$B_2 = A_1 \cap A_2 \qquad \text{und} \quad C = \overline{\overline{A}_1 \cap \overline{A}_2} = A_1 \cup A_2 \qquad \blacksquare$$

1.2.4 Produkträume und zusammengesetzte Experimente

Im zweiten Beispiel des vorherigen Paragraphen fehlt die Angabe der Ergebnismenge Ω des beschriebenen stochastischen Experiments. Zur Konstruktion von Ω greifen wir zurück auf den Begriff des *kartesischen Produktes* zweier Mengen Ω_1 und Ω_2, welches definiert ist als Menge aller geordneten Paare (ω_1, ω_2):

$$\Omega_1 \times \Omega_2 = \{(\omega_1, \omega_2) \text{ mit } \omega_1 \in \Omega_1 \text{ und } \omega_2 \in \Omega_2\}.$$

Man kann nämlich das vorliegende Zufallsexperiment in zwei Teilexperimente zerlegen: die erste bzw. zweite Maschine läuft oder läuft nicht. Die zu den Teilexperimenten gehörenden Ergebnismengen Ω_1 und Ω_2 enthalten demnach je 2 Ereignisse:

$$\Omega_1 = A_1 \cup \overline{A}_1 \qquad \text{und} \qquad \Omega_2 = A_2 \cup \overline{A}_2$$

Die dem zusammengesetzten Experiment zugeordnete Ergebnismenge Ω ist also definiert als $\Omega = \Omega_1 \times \Omega_2$; sie enthält die folgenden 4 Elementarereignisse $A_1 \times A_2$, $A_1 \times \overline{A}_2$, $\overline{A}_1 \times A_2$ und $\overline{A}_1 \times \overline{A}_2$.

In der Praxis ist es üblich, die Ereignisse A_1 und A_2 mit den entsprechenden Teilmengen von Ω, $A_1 \times \Omega_1$ bzw. $A_2 \times \Omega_2$, zu identifizieren. Diese Festlegung ermöglicht z. B. ,

$$A_1 \times A_2 = (A_1 \times \Omega_2) \cap (A_2 \times \Omega_1)$$

durch den wesentlich einfacheren Ausdruck $A_1 \cap A_2$ ersetzen, obwohl strenggenommen A_1 und A_2 nicht zu derselben Ergebnismenge gehören und ihr Durchschnitt demnach nicht definiert ist.

Eine grosse Anzahl von Zufallsphänomenen weist eine ähnliche Struktur wie dieses Beispiel auf. Allgemein kann man stochastische Experimente betrachten, die sich aus n Teilexperimenten zusammensetzen, denen die Ergebnismengen Ω_1, Ω_2, ..., Ω_n zugeordnet sind. Man spricht dann von *zusammengesetzten* oder *mehrstufigen Experimenten*. Aus wahrscheinlichkeitstheoretischer Sicht ist es dabei unwesentlich, ob die Teilexperimente gleichzeitig oder nacheinander stattfinden. Die Ergebnismenge des zusammengesetzten Experiments lautet dann

$$\Omega = \Omega_1 \times \Omega_2 \times ... \times \Omega_n ;$$

d. h. Ω ist die Menge aller geordneten n-Tupel

$$(\omega_1, \omega_2, ..., \omega_n) \qquad \text{mit} \qquad \omega_k \in \Omega_k \qquad (k = 1, 2, ..., n).$$

Beispiel (Würfeln): Falls man dreimal nacheinander würfelt, so ist die zugehörige Ergebnismenge

$$\Omega = \Omega_1 \times \Omega_2 \times \Omega_3, \qquad \text{mit} \quad \Omega_k = \{1, 2, 3, 4, 5, 6\}.$$

Ω enthält $6^3 = 216$ Elemente. Man beachte, dass gewisse Ereignisse selbst kartesische Produkte von Mengen sind, so zum Beispiel

$$A = A_1 \times A_2 \times A_3, \qquad \text{mit} \quad A_k = \text{" gerade Augenzahl im k-ten Wurf "}.$$

Andere Ereignisse hingegen, wie zum Beispiel

$B = $ " die Summe der 3 geworfenen Augen ist kleiner oder gleich 16",

lassen sich nicht in Produktform schreiben. ∎

Beispiel (Dreieckskonstruktion): Ein Stab werde durch zwei zufällig und unabhängig voneinander ausgewählte Punkte P_1 und P_2 in drei Teile zerlegt. Wie gross ist die Wahrscheinlichkeit, dass man aus diesen drei Teilen ein Dreieck bilden kann?

Die Ergebnismenge dieses Experiments ist gegeben durch das kartesische Produkt $\Omega_1 \times \Omega_2$, wobei Ω_k die Menge aller möglichen Punkte P_k, d. h. aller Punkte des Stabs, ist. Die Lösung dieses Problems wird in Aufgabe 1.6.8 behandelt. ∎

1.3 Wahrscheinlichkeit

1.3.1 Wahrscheinlichkeitsraum

Im vorherigen Abschnitt wurde der Begriff der Ergebnismenge Ω eines stochastischen Experiments untersucht, deren Teilmengen die dem Experiment zugeordneten Ereignisse darstellen.

Ziel des nun folgenden Abschnitts ist es, jedem dieser Ereignisse $A \subset \Omega$ eine reelle Zahl $P(A)$ zuzuordnen. $P(A)$ heisst Wahrscheinlichkeit des Ereignisses A und ist ein Mass dafür, wie stark wir bei der Durchführung eines stochastischen Experiments mit dem Eintreten von A rechnen. Natürlich werden die Werte $P(A)$ nicht willkürlich festgesetzt. Sie gehorchen vielmehr gewissen Regeln, von denen wir auch beim intuitiven Umgang mit dem Begriff "Wahrscheinlichkeit" ausgehen. Wirft man zum Beispiel einen regelmässigen Würfel, so erwartet man, dass

$P(\text{Augenzahl } 6) = P(\text{Augenzahl } 4)$

und

$P(\text{ungerade Augenzahl}) > P(\text{Augenzahl } 6)$

ist. Genaugenommen nimmt man sogar an, dass

$P(\text{gerade Augenzahl}) = 3 \, P(\text{Augenzahl } 6).$

Ebenso erscheint es vernünftig, dass das sichere Ereignis mit hundertprozentiger Wahrscheinlichkeit stattfindet, d.h. man ordnet ihm die Wahrscheinlichkeit 1 zu. Analog erhält das unmögliche Ereignis die Wahrscheinlichkeit 0.

Man erhält so die folgende *Definition*:

Eine Funktion P, welche auf Teilmengen von Ω definiert ist, heisst *Wahrscheinlichkeitsmass*, oder kurz *Wahrscheinlichkeit* auf Ω, falls sie die folgenden *Axiome* erfüllt:

- (1) $0 \leq P(A) \leq 1$ für alle A
- (2) $P(\Omega) = 1$
- (3) $P(A_1 \cup A_2 \cup ... \cup A_n) = P(A_1) + P(A_2) + ... + P(A_n)$
  für alle endlichen Folgen paarweise disjunkter Teilmengen $A_1, A_2, ..., A_n$ (endliche Additivität).

Falls Ω nur *endlich* viele Elemente enthält, so genügen diese 3 Axiome. Enthält Ω jedoch *unendlich* viele Elemente, so benötigt man noch ein weiteres:

- (4) $P(A_1 \cup A_2 \cup ... \cup A_n \cup ...) = \sum_{n=1}^{\infty} P(A_n)$
  für alle unendlichen Folgen paarweise disjunkter Teilmengen $A_1, A_2, ..., A_n, ...$ (abzählbare Additivität).

Ohne dieses Axiom ist es nicht möglich, Wahrscheinlichkeiten mit Hilfe von Grenzübergängen zu berechnen. Das Paar (Ω, P), bestehend aus einem Elementarereignisraum Ω und einem Wahrscheinlichkeitsmass P auf Ω, heisst *Wahrscheinlichkeitsraum*.

Aus mathematischer Sicht sei hierzu noch bemerkt, dass es im Falle einer überabzählbar unendlichen Ergebnismenge Ω keineswegs immer möglich ist, ein Wahrscheinlichkeitsmass P auf *allen* Teilmengen $A \subset \Omega$ zu definieren. Man konstruiert in dem Falle eine kleinere Familie von Teilmengen von Ω, genannt σ - Algebra, für welche P die obigen 4 Axiome erfüllt, und betrachtet als in Frage kommende Ereignisse nur die Teilmengen dieser Familie.

1.3.2 Elementare Eigenschaften eines Wahrscheinlichkeitsmasses

Ausgehend von den oben als Axiome eingeführten Forderungen kann man leicht weitere *wichtige Eigenschaften* eines Wahrscheinlichkeitsmasses herleiten:

- $P(\overline{A}) = 1 - P(A)$ (Komplementregel)
- $P(A) \leq P(B)$, falls $A \subset B$ (Inklusionsregel)
- $P(A \cup B) = P(A) + P(B) - P(A \cap B)$ (Additionsregel).

Aus der Komplementregel ergibt sich insbesondere $P(\emptyset) = 0$. Die Additionsregel, welche als Spezialfall das Axiom (3) enthält, kann für den Fall von n Teilmengen ($n \geq 2$) verallgemeinert werden; für n=3 erhält man z. B. :

- $P(A \cup B \cup C) = P(A) + P(B) + P(C)$
  $-[P(A \cap B) + P(B \cap C) + P(C \cap A)] + P(A \cap B \cap C).$

Mit Hilfe der aus der Mengenlehre bekannten Venn - Diagramme können diese Eigenschaften unmittelbar nachgewiesen werden.

In der Wahrscheinlichkeitsrechnung kennt man übrigens auch eine Multiplikationsregel. Diese kann jedoch erst im folgenden Kapitel erläutert werden, da sie sich auf den Begriff der bedingten Wahrscheinlichkeit stützt.

Beispiel (Fabrikationsfehler): Bei der Herstellung eines technischen Gerätes können 2 verschiedene Arten von Fabrikationsfehlern auftreten. Ein kürzlich durchgeführter Test ergab, dass 10% der Artikel einen Fehler der ersten Art, 6% einen Fehler der zweiten Art und 3% beide Fehler aufwiesen. Wie gross ist die Wahrscheinlichkeit, dass ein zufällig ausgewähltes Gerät keinerlei Fehler aufweist?

Setzt man A_k = " Gerät weist Fehler der k-ten Art auf " mit k = 1, 2, so erhält man zunächst, dass $P(A_1) = 0,10$ und $P(A_2) = 0.06$ ist (s. a. § 1.4.4). Somit folgt

$$\begin{aligned}P(\text{kein Fehler}) &= P(\overline{A}_1 \cap \overline{A}_2) = P(\overline{A_1 \cup A_2}) &= 1 - P(A_1 \cup A_2) \\ &= 1 - [P(A_1) + P(A_2) - P(A_1 \cap A_2)] \\ &= 1 - [0,10 + 0,06 - 0,03] &= 0,87 \quad \blacksquare\end{aligned}$$

1.3.3 Produktwahrscheinlichkeitsraum

Greifen wir an dieser Stelle nochmals die in Paragraph 1.2.4 betrachtete Problemstellung auf, nämlich die Zerlegung eines Zufallsexperimentes in zwei Teilexperimente. Die Ergebnismenge dieses zusammengesetzten Experiments kann dabei als kartesisches Produkt der Ergebnismengen der Teilexperimente definiert werden: $\Omega = \Omega_1 \times \Omega_2$.

Wir betrachten nun die zu den Mengen Ω_k gehörenden Wahrscheinlichkeitsmasse P_k (k=1, 2). Selbst wenn diese bekannt sind, kann man im allgemeinen nichts über das Wahrscheinlichkeitsmass auf $\Omega = \Omega_1 \times \Omega_2$ aussagen. Setzt man jedoch zusätzlich voraus, dass die Teilexperimente *unabhängig* voneinander stattfinden, so kann man auf Ω die sogenannte *Produktwahrscheinlichkeit* P definieren. Dazu setzt man

$$P(A_1 \times A_2) = P_1(A_1) P_2(A_2) \qquad \text{mit} \quad A_1 \subset \Omega_1 \text{ und } A_2 \subset \Omega_2.$$

Man kann zeigen, dass diese Beziehung auf eindeutige Weise die Wahrscheinlichkeit für jedes Ereignis $A \subset \Omega$ festlegt, selbst wenn letzteres keine Produktmenge ist. Das so definierte Paar (Ω, P) heisst *Produktwahrscheinlichkeitsraum*. Die Verallgemeinerung dieses Begriffs für n Teilexperimente ist offensichtlich.

Eine Begründung für diese Vorgehen kann erst in Abschnitt 2.3 erfolgen, wo der Begriff der stochastischen Unabhängigkeit auf mathematisch korrekte Weise definiert wird .

Bei der Behandlung praktischer Probleme ist es üblich, das Ereignis A_1 mit dem Ereignis $A_1 \times \Omega_2$ bzw. A_2 mit $A_2 \times \Omega_1$ zu identifizieren; dasselbe geschieht mit den entsprechenden Wahrscheinlichkeiten. Man schreibt also $P(A_1)$ bzw.

$P(A_2)$ anstatt $P_1(A_1)$ bzw. $P_2(A_2)$. Die obige Gleichung reduziert sich somit auf

$$P(A_1 \cap A_2) = P(A_1)P(A_2).$$

Beispiel (Zuverlässigkeit von zwei Maschinen): Greifen wir nochmals auf das zweite Beispiel aus Paragraph 1.2.3 zurück. Aufgrund von statistischen Messungen weiss man, dass $P(A_1) = 0{,}8$ und $P(A_2) = 0{,}9$. Wie gross ist die Wahrscheinlichkeit, dass mindestens eine der beiden Maschinen in Betrieb ist, wenn wir annehmen können, dass sie unabhängig voneinander funktionieren?

Erinnern wir zunächst daran, dass die Ergebnismenge dieses Zufallsphänomens in der Form eines kartesischen Produkts vorliegt:

$$\Omega = \Omega_1 \times \Omega_2 \text{ mit } \Omega_1 = A_1 \cup \overline{A}_1 \text{ und } \Omega_2 = A_2 \cup \overline{A}_2.$$

Dann gibt es folgende zwei Methoden zur Berechnung der unbekannten Wahrscheinlichkeit $P(C)$:

- $P(C) = P(A_1 \cup A_2) = P(A_1) + P(A_2) - P(A_1 \cap A_2)$
  $= P(A_1) + P(A_2) - P(A_1)P(A_2) = 0{,}8 + 0{,}9 - 0{,}72 = 0{,}98,$
- $P(C) = P(A_1 \cup A_2) = 1 - P(\overline{A_1 \cup A_2}) = 1 - P(\overline{A}_1 \cap \overline{A}_2)$
  $= 1 - P(\overline{A}_1)P(\overline{A}_2) = 1 - 0{,}2 \cdot 0{,}1 = 0{,}98.$ ∎

Beispiel: Sei A eine 2×2 Matrix, deren Elemente mit einer Wahrscheinlichkeit von jeweils 1/3 die Werte 0, +1 oder -1 annehmen. Wie gross ist die Wahrscheinlichkeit, dass die Determinante der Matrix A positiv ist?

Die Ergebnismenge liegt wiederum in Form eines kartesischen Produkts $\Omega = \Omega_1 \times \Omega_2 \times \Omega_3 \times \Omega_4$ vor. Jedes Ω_k enthält 3 Elementarereignisse. Setzt man

$$A = \begin{pmatrix} a & b \\ c & d \end{pmatrix},$$

so erhält man $B = "\det A > 0" = B_1 \cup B_2 \cup B_3$ mit

$B_1 = "ad = 1 \text{ und } bc = 0",$
$B_2 = "ad = 1 \text{ und } bc = -1",$
$B_3 = "ad = 0 \text{ und } bc = -1".$

Daraus folgt

$$P(B) = P(B_1) + P(B_2) + P(B_3) = \frac{2}{9} \cdot \frac{5}{9} + \frac{2}{9} \cdot \frac{2}{9} + \frac{5}{9} \cdot \frac{2}{9} = \frac{8}{27}.$$ ∎

Weisen wir zum Schluss darauf hin, dass es wesentlich schwieriger ist, ein Wahrscheinlichkeitsmass auf einem Produktraum zu konstruieren, falls die vorliegenden Teilexperimente nicht mehr unabhängig voneinander sind. Ein typisches Beispiel dafür ist das Urnenmodell ohne Zurücklegen der gezogenen Kugeln; es wird in Abschnitt 2.4 erläutert.

1.4 Herleitung von Wahrscheinlichkeitsmassen

1.4.1 Einführung

Wie man den bisherigen Abschnitten entnehmen kann, erfolgt die Konstruktion eines mathematischen Modells, welches ein stochastisches Experiment möglichst genau beschreibt, in zwei Schritten. Zuerst konstruiert man den Elementarereignisraum Ω , welcher alle möglichen Ergebnisse des Experiments enthält. Dieser Schritt verursacht normalerweise keine Schwierigkeiten, dies im Gegensatz zum zweiten, wo man den Ereignissen $A \subset \Omega$ ihre Wahrscheinlichkeit P(A) zuordnet. Es ist nämlich nicht möglich, die numerischen Werte des Wahrscheinlichkeitsmasses P eines stochastischen Experiments anhand der vier in Abschnitt 1.3.1 eingeführten Axiome herzuleiten. Die Art und Weise, wie man sie bestimmt, hängt vielmehr von der Natur des entsprechenden Zufallsphänomens ab. Bevor wir dieses Problem in seiner allgemeinen Form behandeln, erläutern wir es zunächst anhand von zwei besonders einfachen Wahrscheinlichkeitsmodellen.

1.4.2 Diskrete Gleichverteilung

Für eine wichtige Gruppe von stochastischen Experimenten erscheint es vernünftig, die Existenz gewisser *Symmetrieeigenschaften* vorauszusetzen. Diese haben zur Folge, dass alle Elementarereignisse mit der gleichen Wahrscheinlichkeit stattfinden, kurz, dass sie gleichwahrscheinlich sind. Ist die Anzahl n der Ergebnisse eines Experiments endlich, so ordnet man jedem Elementarereignis E_i die Wahrscheinlichkeit

$$P(E_i) = 1/n \quad (i = 1, 2, ..., n),$$

und jedem Ereignis A, dass sich aus k Elementarereignissen zusammensetzt, die Wahrscheinlichkeit

$$P(A) = k/n$$

zu.

Man überzeugt sich leicht davon, dass die Funktion P(A) die Axiome für ein Wahrscheinlichkeitsmass (s. § 1.3.1) erfüllt.

Stützt man sich bei einem stochastischen Experiment mit endlich vielen Ergebnissen auf eine derartige *Gleichwahrscheinlichkeitshypothese*, so spricht man von einem *diskret-gleichverteilten Wahrscheinlichkeitsmass* . Falls es im folgenden heisst, ein Element werde *zufällig* einer Menge Ω entnommen, so setzen wir stillschweigend voraus, dass das auf Ω konstruierte Wahrscheinlichkeitsmass von der obigen Art ist. In diese Kategorie fällt insbesondere ein Grossteil der Glücksspiele (Würfel, Kartenziehen etc.). Auch die elementaren Lehrbücher der Wahrscheinlichkeitsrechnung befassen sich vorwiegend mit gleichverteilten Wahrscheinlichkeitsmassen.

Aus mathematischer Sicht lassen sich grundsätzlich alle Aufgaben bezüglich diskret-gleichverteilten Wahrscheinlichkeitsmassen direkt auf Probleme des Abzählens endlicher Mengen zurückführen. Daher sind die Methoden der

Kombinatorik für solche Teilgebiete der Wahrscheinlichkeitsrechnung von grosser Bedeutung.

Bemerken wir noch zum Schluss, dass die diskrete Gleichverteilung lange Zeit als Definition der Wahrscheinlichkeit diente. Man ging dazu von der bekannten Beziehung

$$P(A) = n_A/n$$

aus, wobei n die Anzahl der "möglichen Fälle" (d. h. der möglichen Ergebnisse eines stochastischen Experiments) und n_A die Anzahl der "günstigen Fälle" (d. h. der zum Ereignis A gehörenden Ergebnisse) bezeichnet. Leider lässt sich dieses einfache Modell, nimmt man die Glücksspiele einmal beiseite, nur in wenigen praktischen Situationen anwenden.

Beispiel (Würfeln): Man würfelt zweimal mit einen regelmässigen Würfel. Wie gross ist die Wahrscheinlichkeit, dass die Summe der geworfenen Augen grösser oder gleich 10 ist?

Bei diesem Beispiel liegt ein Produktwahrscheinlichkeitsraum vor, der 36 Elementarereignisse (i, j) enthält (1 $\leq$ i, j $\leq$ 6). Geht man von deren Gleichwahrscheinlichkeit aus, so erhält man

$$P(\text{Summe} \geq 10) = 6/36 = 1/6.$$
∎

1.4.3 Stetige Gleichverteilung

Der Begriff der Gleichverteilung lässt sich auf den Fall einer nicht abzählbaren Ergebnismenge übertragen. Geht man wieder von der Hypothese aus, dass jedes Elementarereignis mit der gleichen Wahrscheinlichkeit stattfindet, so kann diese aufgrund des 4. Axioms des Paragraphen 1.3.1 nur Null sein, obwohl natürlich jedes Elementarereignis stattfinden kann. Daher können hier die Elementarereignisse, aus denen sich ein Ereignis A zusammensetzt, nicht mehr zur Definition von P(A) verwendet werden. Die Konstruktion eines stetig-gleichverteilten Wahrscheinlichkeitsmasses wird in den folgenden zwei Beispielen für diejenigen Fälle erläutert, wo die Ergebnismenge entweder als Strecke oder als Rechteck gegeben ist.

Beispiel: Auf dem Teilstück AB einer Geraden wird der Punkt U "zufällig" ausgewählt. Wie gross ist die Wahrscheinlichkeit, dass sein Abstand zu A mindestens das Doppelte seines Abstands zu B beträgt?

Die zufällige Wahl eines Punkts U bedeutet hier, dass kein Teil der Strecke AB einem anderen gegenüber bei der Wahl bevorzugt wird. Insbesondere folgt daraus, dass die Wahrscheinlichkeit, mit der U in einem Intervall I aus AB liegt, proportional zur Länge dieses Intervalls, aber unabhängig von dessen Lage auf AB ist. Also erhält man

$$P(U \in I) = \frac{\text{Länge von I}}{\text{Länge von AB}}$$

und somit

$$P(|AU| \geq 2|BU|) = 1/3.$$
∎

Das obige Beispiel zeigt, dass man aus P(A) = 1 nicht auf A = Ω schliessen kann. Genausowenig kann man aus P(A) = 0 folgern, dass A = ∅ gilt. Es ist deshalb üblich, ein Ereignis der Wahrscheinlichkeit 1 bzw. 0 als *fast sicher* bzw. *fast unmöglich* zu bezeichnen.

Beispiel (Begegnungs-Problem): Zwei Personen M und N wollen sich mittags zwischen 12 h und 1 h an einem bestimmten Ort treffen. Sie verabreden, dass die zuerst eintreffende Person nach einer Wartezeit von zwanzig Minuten wieder geht. Wie gross ist die Wahrscheinlichkeit, dass die Begegnung stattfindet?

Seien X und Y die Ankunftszeiten (nach 12 h) der beiden Personen:

$0 \leq X \leq 1$ und $0 \leq Y \leq 1$.

Jeder Kombination der beiden Ankunftszeiten kann man direkt einen Punkt des Einheitsquadrates Ω (s. Fig. 1.1) zuordnen. Das Ereignis A = " die Begegnung findet statt " ist durch die Ungleichung |X-Y| ≤ 1/3 definiert und wird in der Zeichnung durch den schraffierten Teil des Einheitsquadrats Ω wiedergegeben.

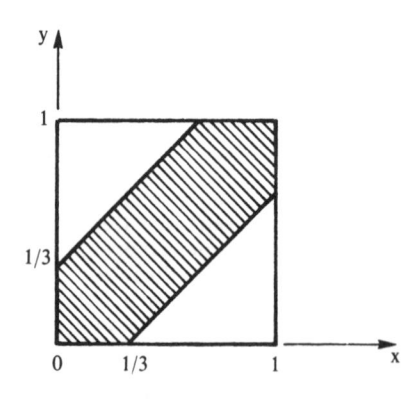

Fig. 1.1

Sind keine weiteren Informationen über die Ankunftszeiten von M und N bekannt, so kann man vernünftigerweise annehmen, M und N treffen rein zufällig ein. Somit ist die Wahrscheinlichkeit einer Teilmenge von Ω proportional zu ihrer Fläche. Insbesondere erhält man dann P(A) = 5/9. Nimmt man also an, dieses stochastische Experiment werde sehr oft wiederholt, so kann erwartet werden, dass die Begegnung in gut der Hälfte aller Fälle stattfindet. ∎

Eine beträchtliche Anzahl technischer Probleme kann nach der selben Methode gelöst werden (s. Aufgabe 1.6.7). Diese lässt sich ohne prinzipielle Schwierigkeiten auf den Fall übertragen, wo Ω ein drei-dimensionaler Körper mit endlichem Volumen ist (s. Aufgabe 1.6.9).

1.4.4 Statistische Definition der Wahrscheinlichkeit

Wie schon erwähnt, können die meisten, in der Praxis vorkommenden Zufallsphänomene nicht mit gleichverteilten Wahrscheinlichkeitsmassen beschrieben werden. Ein Beispiel dafür ist das im Paragraph 1.3.3 behandelte Problem der zwei Maschinen.

In diesem Fall ist es notwendig, das betrachtete Experiment unter gleichen Bedingungen sehr oft durchzuführen, wobei diese Versuche gleichzeitig oder nacheinander stattfinden können. Falls ein Ereignis A während n Wiederholungen des Experiments n_A-mal eintritt, so setzt man als Wahrscheinlichkeit von A

$$P(A) = n_A/n \, .$$

Diese statistische Definition der Wahrscheinlichkeit erfüllt offensichtlich die in Paragraph 1.3.1 eingeführten Axiome.

Beispiel: Um die Wahrscheinlichkeit $P(A_T)$ zu bestimmen, dass ein technisches Gerät während einer festen Zeitspanne T funktioniert, schaltet man zum Zeitpunkt null n identische Geräte ein. Falls nach der Zeit T noch n_T davon intakt sind, so definiert man

$$P(A_T) = n_T/n \, . \qquad \blacksquare$$

Führt man mehrere Serien von jeweils n Experimenten durch, so wird man im allgemeinen verschiedene Werte für die Wahrscheinlichkeit eines Ereignisses erhalten. Es stellt sich demnach die Frage nach der Genauigkeit der statistischen Bestimmung einer Wahrscheinlichkeit P(A). Es leuchtet unmittelbar ein, dass die Zuverlässigkeit einer solchen Schätzung mit der Anzahl n der durchgeführten Experimente wächst. Für eine systematische Betrachtung dieses Problems verweisen wir auf Kapitel 7.

Ganz allgemein können wir sagen, dass es Aufgabe der statistischen Methoden ist, Zusammenhänge zwischen einem Wahrscheinlichkeitsmodell und der zu beschreibenden physikalischen Realität zu untersuchen. Gültigkeit und Qualität eines stochastischen Modells können stets nur mit Hilfe von statistischen Verfahren geprüft werden. Voraussetzung dafür ist, dass ein Zufallsexperiment unter identischen Bedingungen genügend oft wiederholt werden kann.

1.5 Hilfsmittel der Kombinatorik

1.5.1 Einführung

Im Falle der diskreten Gleichverteilung ist die Wahrscheinlichkeit P(A) eines Ereignisses A als Quotient der Anzahl der für A günstigen Fälle und derjenigen aller möglichen Fälle bestimmt (s. a. § 1.4.2). Sind diese Zahlen z. B. infolge ihrer Grösse nicht direkt berechenbar, so greift man auf kombinatorische Methoden zurück. Diese gewährleisten das systematische Abzählen der verschiedenen Konfigurationen, welche aus den Elementen einer endlichen Menge gebildet werden können.

Wir beschränken uns hier auf die Darstellung derjenigen Resultate der Kombinatorik, welche im folgenden benötigt werden.

1.5.2 Fundamentalsatz der Kombinatorik

Satz 1.1. *Man betrachte* n *aufeinanderfolgende Operationen, deren Reihenfolge vorgegeben ist. Falls die* k*-te Operation auf* m_k *verschiedene Arten durchgeführt werden kann* (k=1, 2, ..., n), *so gibt es* $m_1 m_2 ... m_n$ *verschiedene Möglichkeiten, die* n *Operationen durchzuführen.* ∎

Der Beweis dieses Satzes ergibt sich unmittelbar durch vollständige Induktion.

Beispiel: Falls m_1 = 3 verschiedene Wege von A nach B und m_2 = 4 verschiedene Wege von B nach C führen, so kann man auf 3·4 = 12 verschiedene Arten von A über B nach C gelangen. ∎

1.5.3 Anzahl Teilmengen von gegebenem Umfang

Satz 1.2. *Eine Menge* A *enthalte* n *unterscheidbare Elemente. Die Anzahl der Teilmengen von* A, *die genau* k *Elemente enthalten, beträgt dann* $\binom{n}{k}$ *für* k = 0, 1, ...n. ∎

Zum Beweis dieses Satzes wählt man zunächst nacheinander k verschiedene Elemente von A; man erhält somit eine geordnete Folge dieser k Elemente, welche in der Fachsprache der Kombinatorik eine Variation k-ter Ordnung von n Elementen ohne Wiederholung genannt wird. Nach dem obigen Fundamentalsatz beträgt die mögliche Anzahl solcher Folgen

$$A_n^k = n(n-1) ... (n-k+1).$$

Permutiert man diese k Elemente, so bleibt die durch sie festgelegte (ungeordnete) Teilmenge von A unverändert. Da es k! Permutationen von k Elementen gibt, so erhält man für die Anzahl der Teilmengen k-ter Ordnung

$$\frac{A_n^k}{k!} = \frac{n(n-1)...(n-k+1)}{k!} = \binom{n}{k}.$$

Beispiel: Eine Packung enthält 6 Artikel, von denen genau 2 beschädigt sind. Man entnimmt ihr auf zufällige Weise die Hälfte ihres Inhalts. Wie gross ist die Wahrscheinlichkeit, dass diese Stichprobe vom Umfang drei mindestens zwei unbeschädigte Artikel enthält?

Die Wahrscheinlichkeit dieses Ereignisses beträgt $P(A) = P(A_2) + P(A_3)$, wobei A_k = " genau k Artikel sind unbeschädigt ". Da es sich hierbei um eine diskrete Gleichverteilung handelt, folgt

$$P(A) = \frac{\binom{4}{2}\binom{2}{1}}{\binom{6}{3}} + \frac{\binom{4}{3}\binom{2}{0}}{\binom{6}{3}} = \frac{3}{5} + \frac{1}{5} = \frac{4}{5}.$$

Dabei ist zum Beispiel $\binom{4}{2}$ die Anzahl der Teilmengen der Ordnung 2, die man aus 4 unbeschädigten Artikeln bilden kann. ∎

1.5.4 Permutationen mit Wiederholung

Satz 1.3. *Eine Menge enthalte n Elemente; davon seien k Elemente vom gleichen Typ (d. h. nicht unterscheidbar), und n-k Elemente Vertreter eines anderen Typs (ebenfalls nicht unterscheidbar). Dann ist die Anzahl der geordneten Folgen dieser n Elemente, auch Permutationen mit Wiederholung genannt, $\binom{n}{k}$.* ∎

Beispiel: Wieviele verschiedenen Zahlen kann man mit Hilfe der 5 Ziffern 1, 1, 2, 2 und 2 bilden?

Man betrachtet die Menge A der durch die 5 Ziffern besetzten Stellen. Jeder durch diese Ziffern gebildeten Zahl ordnet man die Teilmenge B (B ⊂ A) derjenigen Stellen zu, die mit den Ziffern 1 besetzt sind. Nach Paragraph 1.5.3 gibt es $\binom{5}{2}$ Teilmengen der Ordnung 2 von A und demzufolge kann man $\binom{5}{2} = 10$ verschiedene Zahlen aus den 5 Ziffern bilden. Diese Überlegungen lassen sich leicht auf den allgemeinen Fall übertragen. ∎

Die beiden letzten Sätze illustrieren die vielfältige Bedeutung der Binomialkoeffizienten in der diskreten Mathematik; natürlich ist diese Liste bei weitem nicht vollständig.

Rufen wir zum Schluss noch kurz sowohl die Definition als auch einige der wichtigsten Eigenschaften der Binomialkoeffizienten $\binom{n}{k}$ in Erinnerung:

- $\binom{n}{k} = n!/k!(n-k)!$ (k = 0, 1, ..., n)

- $\binom{n}{k} = \binom{n}{n-k}$

- $\binom{n}{k-1} + \binom{n}{k} = \binom{n+1}{k}$

- $\sum_{k=0}^{n} \binom{n}{k} = 2^n$

- $(a+b)^n = \sum_{k=0}^{n} \binom{n}{k} a^k b^{n-k}$ (binomische Formel).

1.6 Aufgaben

1.6.1 Eine Urne enthalte weisse und schwarze Kugeln. Wir ziehen drei Kugeln und definieren die Ereignisse

$$A = \text{" die erste Kugel ist weiss "}$$
$$B = \text{" die zweite Kugel ist weiss "}$$
$$C = \text{" die dritte Kugel ist weiss "}.$$

Man gebe die folgenden Ereignisse in Abhängigkeit von A,B und C an:

a) D = " alle Kugeln sind weiss "
b) E = " die ersten zwei Kugeln sind weiss "
c) F = " mindestens eine Kugel ist weiss "
d) G = " nur die dritte Kugel ist weiss "
e) H = " genau eine Kugel ist weiss ".

1.6.2 Man würfelt zweimal mit einem regelmässigen Würfel und bezeichnet die erhaltenen Augenzahlen mit X und Y. Berechne die Wahrscheinlichkeiten der folgenden Ereignisse:

a) $A = \text{" } X = Y \text{ "}$
b) $B = \text{" } X + Y \geq 11 \text{ "}$
c) $C = \text{" } |X - Y| < 2 \text{ "}$
d) $D = \text{" } X \cdot Y \text{ ist eine gerade Zahl "}$
e) $E = \text{" } X/Y \text{ ist eine ganze Zahl "}$
f) $F = \text{" } \max(X,Y) \geq 5 \text{ "}$.

1.6.3 Beim Schiessen auf eine Scheibe sei die Wahrscheinlichkeit p=0,1, mit einem Schuss ins Schwarze zu treffen. Man berechne:

a) die Wahrscheinlichkeit, dreimal nacheinander ins Schwarze zu treffen,
b) die Wahrscheinlichkeit, bei 3 Schüssen genau 2 Mal zu treffen,
c) die Wahrscheinlichkeit, bei 3 Schüssen mindestens 2 Mal zu treffen.
d) Wie oft muss man schiessen, damit die Wahrscheinlichkeit, wenigstens einmal zu treffen, grösser wird als 0,9?

1.6.4 Ein Würfel werde beliebig oft geworfen. Man betrachte die folgenden Ereignisse:

$A_k = \text{" im k-ten Wurf erhält man 6 Augen "}$, $(k = 1, 2, \ldots)$

$B_k = \text{" im k-ten Wurf erhält man zum ersten Mal 6 Augen"}$.

a) Man gebe B_n als Funktion der A_k (k<n) an.
b) Man berechne $P(B_n)$ für einen regelmässigen Würfel.

1.6.5 Ein Gerät setzte sich aus drei Teilen zusammen. Man betrachtet die Ereignisse

$$A = \text{" das erste Teil funktioniert "}$$
$$B = \text{" das zweite Teil funktioniert "}$$
$$C = \text{" das dritte Teil funktioniert "}$$

D_k = " genau k Teile funktionieren "
E = " die Mehrheit der Teile funktioniert ".

Für $P(A) = 0,8$, $P(B) = 0,9$ und $P(C) = 0,6$ berechne man :

a) $P(D_k)$
b) $P(E)$.

1.6.6 Man beweise die Beziehung

$$P(A \cup B \cup C) = P(A) + P(B) + P(C) \\ -[P(A \cap B) + P(B \cap C) + P(C \cap A)] + P(A \cap B \cap C).$$

unter Verwendung der entsprechenden Formel für $P(A \cup B)$.

1.6.7 Der Bruchwiderstand eines Balkens sei zwischen 145 kN und 165 kN gleichverteilt. Der Balken werde mit einer Last Y beansprucht, welche ihrerseits gleichmässig zwischen 120 kN und 150 kN schwankt. Wie gross ist die Wahrscheinlichkeit, dass der Balken bricht, d. h. $P(Y > X)$?

1.6.8 Man gebe die Lösung für das zweite Beispiel des Paragraphen 1.2.4 an. (Man bezeichne die Abszissen der beiden Punkte mit X bzw. Y und orientiere sich an der Lösung des zweiten Beispiels des Paragraphen 1.4.3).

1.6.9 Zur Montage eines Kugellagers benötigt man einen äusseren Laufring mit Radius X, einen inneren Laufring mit Radius Y und Kugeln mit Durchmesser Z. X sei gleichverteilt zwischen 50 und 52 mm, Y zwischen 40 und 42 mm und Z zwischen 9 und 10 mm. Man berechne die Wahrscheinlichkeit, dass das Kugellager funktioniert, wenn ein Spiel von maximal 1 mm unter allen drei Teilen toleriert wird.

1.6.10 In einem Gemeinderat sind 7 Radikale, 5 Konservative und 3 Sozialisten vertreten.

a) Wieviele verschiedene Kommissionen kann man aus 2 Radikalen, 2 Konservativen und einem Sozialisten bilden?
b) Wie gross ist die Wahrscheinlichkeit, dass in einer 5-köpfigen Kommission eine konservative Mehrheit herrscht?

1.6.11 Vor einem Schalter warte eine Schlange von n Personen; unter ihnen befinden sich A und B. Wie gross ist die Wahrscheinlichkeit, dass k Personen zwischen A und B stehen?

KAPITEL 2:
Bedingte Wahrscheinlichkeit und stochastische Unabhängigkeit

2.1 Bedingte Wahrscheinlichkeit

Im vorigen Kapitel haben wir den Ablauf eines stochastischen Experiments unter zwei Gesichtspunkten betrachtet:
- *Vor* der Durchführung eines Experiments kann grundsätzlich jedes Elementarereignis {ω} stattfinden. Die Wahrscheinlichkeit P(A) ist ein Mass dafür, wie sicher wir damit rechnen, dass das Ergebnis ω des Experiments zum Ereignis A gehört: $P(A) = P(\omega \in A)$.
- *Nach* Durchführung des Experiments ist das Ergebnis ω vollständig bekannt, d. h. der Aspekt der Wahrscheinlichkeit ist dem der Sicherheit gewichen.

Bei der Bearbeitung von zahlreichen praktischen Problemen erweist es sich jedoch als nützlich, einen Standpunkt zwischen diesen beiden Extremen einzunehmen. Setzen wir also als bekannt voraus, dass ein bestimmtes Ereignis B eintritt, $\omega \in B$, wobei ω das Ergebnis des Experiments darstellt. Ausgehend von dieser unvollständigen Information über ω möchte man die Wahrscheinlichkeit bestimmen, dass ein Ereignis A stattfindet. Man spricht dann von der *bedingten Wahrscheinlichkeit von* A *unter der Bedingung* B und bezeichnet sie mit P(A/B).

Ist P(A/B) > P(A), (bzw. P(A/B) < P(A)), so bedeutet dies, dass B eine zusätzliche positive (bzw. negative) Information für das Eintreten von A liefert. Ferner bestätigt man unmittelbar die folgenden 2 Spezialfälle:

- P(A/B) = 1   falls $A \supset B$.
- P(A/B) = 0   falls $A \cap B = \emptyset$.

Um den Begriff der bedingten Wahrscheinlichkeit *streng mathematisch* zu definieren, veranschaulichen wir ihn am Beispiel der diskreten oder der stetigen Gleichverteilung (s. Abschnitt 1.4). Ist z. B. A Teilmenge einer ebenen Figur und P(A) proportional zur Fläche von A, so ist P(A/B) proportional zur Grösse der Fläche $A \cap B$. Insbesondere ist P(B/B) = 1. Dies macht die folgende allgemeine Definition plausibel:

$$P(A/B) = P(A \cap B)/P(B) \quad \text{für} \quad P(B) > 0.$$

Der Nachweis, dass bei fest vorgegebenem B mit positiver Wahrscheinlichkeit der Ausdruck P(A/B) als Funktion von A die Axiome des Paragraphen 1.3.1 erfüllt, ist leicht zu erbringen.

Beispiel: (Würfeln): Bei Wurf eines regelmässigen Würfel betrachtet man die folgenden Ereignisse:

A = " gerade Augenzahl "
B = " Augenzahl ⩾ 4 ".

Dann ist $P(A/B) = 2/3$, wohingegen $P(A) = 1/2$ ist. Weiss man also, dass B stattfindet, so liefert dies eine zusätzliche positive Information in bezug auf das Eintreten von A. ∎

Beispiel (Bestehen einer Prüfung): Eine Prüfung besteht aus einem theoretischen Teil (" erfolgreich bestanden " = A) und einem praktischen Teil (" erfolgreich bestanden " = B). Im Laufe des Jahres haben 500 Personen an dieser Prüfung teilgenommen, davon haben

- 200 beide Teile
- 100 nur den theoretischen Teil
- 50 nur den praktischen Teil

erfolgreich bestanden. Wie gross ist die Wahrscheinlichkeit, dass eine zufällig ausgewählte Person den praktischen Teil bestanden hat? Wie gross ist diese Wahrscheinlichkeit unter der Annahme, dass der theoretische Teil bereits bestanden ist?

Grundsätzlich könnte man hier eine aus 500 Elementen bestehende Ergebnismenge Ω einführen. Es genügt jedoch, die Ereignisse $A \cap B$, $A \cap \overline{B}$, $\overline{A} \cap B$ und $\overline{A} \cap \overline{B}$ zu betrachten, die eine Zerlegung von Ω bilden. Man erhält dann:

$P(A \cap B) = 0,4;$ $\qquad P(A \cap \overline{B}) = 0,2;$ $\qquad P(\overline{A} \cap B) = 0,1.$

Daraus folgt

$P(B) = P(A \cap B) + P(\overline{A} \cap B) = 0,5$
$P(A) = P(A \cap B) + P(A \cap \overline{B}) = 0,6$

und

$P(B/A) = P(B \cap A) / P(A) = 0,67.$ ∎

Wir werden in Abschnitt 2.3 sehen, dass die bedingte Wahrscheinlichkeit ein ausgezeichnetes Mittel ist, um den Grad der stochastischen Abhängigkeit zweier Ereignisse derselben Ergebnismenge Ω zu untersuchen. Aufgrund des Vorhergehenden ist es z.B. naheliegend, die Beziehung $P(A/B) = P(A)$ zur Definition der stochastischen Unabhängigkeit zweier Ereignisse A und B zu verwenden.

2.2 Sätze über bedingte Wahrscheinlichkeiten

Bedingte Wahrscheinlichkeiten benutzt man bei vielen Anwendungen, um die Wahrscheinlichkeit eines Ereignisses an Hand schon bekannter Wahrscheinlichkeiten zu bestimmen. Ein Grossteil solcher Berechnungen kann mit Hilfe der drei folgenden Sätze durchgeführt werden.

2.2.1 Multiplikationssatz

Im Paragraph 1.3.2 wurde auf die Existenz einer Multiplikationsregel hingewiesen; dabei wurde erwähnt, dass diese nicht zu den elementaren Eigenschaften eines Wahrscheinlichkeitsmasses zählt. Aus der Definition der bedingten Wahrscheinlichkeit folgt nun unmittelbar, dass unter der Voraussetzung $P(A) > 0$ und $P(B) > 0$

$$P(A \cap B) = P(A)P(B/A) = P(B)P(A/B)$$

gilt. Diese Beziehung lässt sich direkt auf mehr als zwei Ereignisse verallgemeinern:

Satz 2.1 (*Mulplikationssatz*):
Es seien $A_1, A_2, ..., A_n$ Ereignisse mit positiver Wahrscheinlichkeit.
Dann gilt:

$$P(A_1 \cap A_2 \cap ... \cap A_n) = P(A_1)P(A_2/A_1)P(A_3/A_1 \cap A_2) ... P(A_n/A_1 \cap ... \cap A_{n-1}).\ \blacksquare$$

Beispiel (Qualitätskontrolle): Eine Lieferung enthält 10 Artikel, davon ist die Hälfte beschädigt. Man entnimmt ihr eine Stichprobe von 3 Artikeln, ohne die gewählten Teile wieder zurückzulegen. Wie gross ist die Wahrscheinlichkeit P(A), dass die Stichprobe keine beschädigten Artikel enthält?
Sei A_k das Ereignis, dass der k-te entnommene Artikel unbeschädigt sei (k = 1, 2, 3). Dann folgt

$$P(A) = P(A_1 \cap A_2 \cap A_3) = \frac{5}{10} \cdot \frac{4}{9} \cdot \frac{3}{8} = \frac{1}{12}. \quad \blacksquare$$

2.2.2 Satz von der totalen Wahrscheinlichkeit

Satz 2.2 *Gegeben sei eine Zerlegung $B_1, B_2, ..., B_n$ von Ω, d. h. eine Menge von Ereignissen B_k mit positiver Wahrscheinlichkeit, welche paarweise disjunkt sind und deren Vereinigung gleich Ω ist. Dann gilt:*

$$P(A) = P[A \cap (B_1 \cup B_2 \cup ... \cup B_n)]$$
$$= P(A \cap B_1) + P(A \cap B_2) + ... + P(A \cap B_n),$$

und somit

$$P(A) = P(A/B_1)P(B_1) + P(A/B_2)P(B_2) + ... + P(A/B_n)P(B_n).\ \blacksquare$$

Im Spezialfall n = 2 erhält man also folgende Aussage:

$$P(A) = P(A/B)P(B) + P(A/\overline{B})P(\overline{B}).$$

Beispiel: Wie gross ist im obigen Beispiel die Wahrscheinlichkeit, dass das zweite entnommene Teil unbeschädigt ist?

Man erhält:

$$P(A_2) = P(A_2/A_1)P(A_1) + P(A_2/\overline{A}_1)P(\overline{A}_1).$$ ∎

2.2.3 Satz von Bayes

Satz 2.3 *Unter den Voraussetzungen des Satzes 2.2 gilt:*

$$P(B_k/A) = \frac{P(A/B_k)P(B_k)}{\sum_{i=1}^{n} P(A/B_i)P(B_i)}$$

für $k = 1, 2, ..., n$. ∎

Dieses Ergebnis folgt direkt aus der Definition der bedingten Wahrscheinlichkeit und den Sätzen 2.1 und 2.2.

Beispiel (Zuverlässigkeit elektrischer Glühbirnen): Ein Unternehmen benutzt drei verschiedene Sorten elektrischer Glühbirnen, 60% vom Typ T_1, 30% vom Typ T_2 und 10% vom Typ T_3. Die Zuverlässigkeit für ein fest vorgebenes Zeitintervall, (d. h. die Wahrscheinlichkeit, dass die entsprechende Glühbirne nach dieser Zeit noch intakt ist) beträgt 0,9 für denTyp T_1, 0,8 für T_2 und 0,5 für T_3. Wie gross ist die Wahrscheinlichkeit, dass eine durchgebrannte Glühbirne vom Typ T_1 ist?

Wir führen die folgenden Ereignisse ein:

A = " eine zufällig ausgewählte Glühbirne brennt durch "
B_k = " eine Glühbirne ist vom Typ T_k ",

Dann erhält man

$$P(B_1/A) = \frac{P(A/B_1)P(B_1)}{\sum_{i=1}^{3} P(A/B_i)P(B_i)}$$

$$= \frac{0,1 \cdot 0,6}{0,1 \cdot 0,6 + 0,2 \cdot 0,3 + 0,5 \cdot 0,1} = \frac{6}{17}.$$ ∎

2.2.4 Baumdiagramme

Baumdiagramme stellen ein vielbenutztes Hilfsmittel dar, um die obigen Formeln auf konkrete Probleme anzuwenden. Sie dienen ganz allgemein der Veranschaulichung von zusammengesetzten oder mehrstufigen Zufallsexperimenten, die also auf natürliche Weise in zwei oder mehr Teilexperimente zerlegt werden können.

Zur Erläuterung dieses Hilfsmittels greifen wir nochmals das Beispiel aus Paragraph 2.2.2 auf, wo die Wahrscheinlichkeit ermittelt wurde, dass das zweite entnommene Teil unbeschädigt ist. Es handelt sich hier also um ein zweistufiges Zufallsexperiment, dessen mögliche Ausgänge im Baumdiagramm (Fig. 2.1) angezeigt sind. Dabei gilt z. B. $P(A_1) = 5/10$ und $P(A_2/A_1) = 4/9$, und man kann direkt ersehen, dass

$$P(A_2) = \frac{5}{10} \cdot \frac{4}{9} + \frac{5}{10} \cdot \frac{5}{9} = \frac{1}{2}.$$

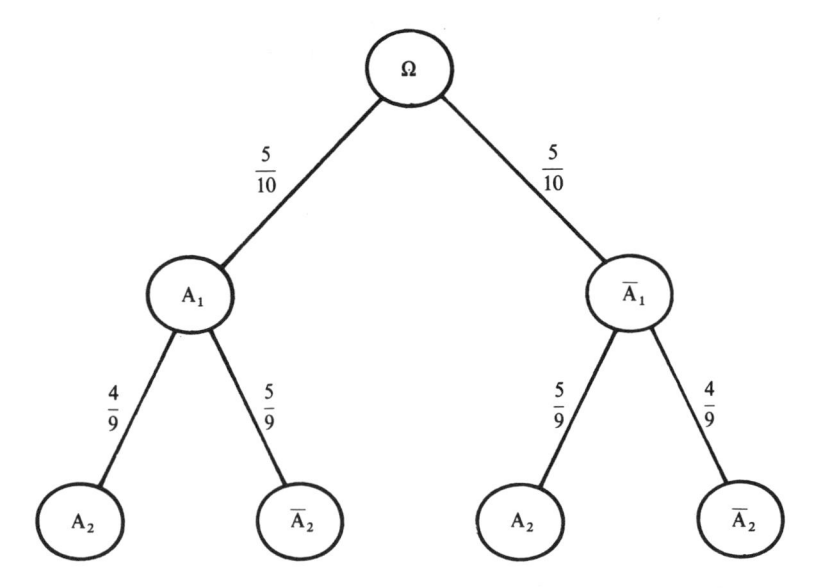

Fig. 2.1

Mit Hilfe des Satz von Bayes erhält man weiter

$$P(A_1/A_2) = \frac{P(A_1 \cap A_2)}{P(A_2)} = \frac{P(A_1)P(A_2/A_1)}{P(A_2)} = \frac{\frac{5}{10} \cdot \frac{4}{9}}{\frac{5}{10}} = \frac{4}{9}.$$

2.3 Stochastische Unabhängigkeit

2.3.1 Definition

Der Begriff der stochastischen Unabhängigkeit wurde bereits mehrfach erwähnt; er ist in der Wahrscheinlichkeitsrechnung von grosser Bedeutung. Intuitiv würde man sagen, dass A und B genau dann unabhängig voneinander sind, falls die Wahrscheinlichkeit, dass ein Ereignis stattfindet, durch das Eintreten oder Nichteintreten des anderen Ereignisses nicht beeinflusst wird.

Diese anschauliche Vorstellung lässt sich mit Hilfe des Begriffs der bedingten Wahrscheinlichkeit präzisieren. Seien also A und B zwei Ereignisse eines stochastischen Experiments, deren Wahrscheinlichkeiten von Null verschieden sein sollen. Dann ist ihre *stochastische Unabhängigkeit* durch jede der beiden Beziehungen

$$P(A/B) = P(A) \quad \text{und} \quad P(B/A) = P(B)$$

definiert. Ersetzt man darin die bedingten Wahrscheinlichkeiten durch die sie definierenden Quotienten, so erhält man:

$$P(A \cap B) = P(A)P(B).$$

Diese dritte Definition macht sichtbar, dass es sich bei der stochastischen Unabhängigkeit um eine symmetrische Relation handelt. Sie beweist auch die Äquivalenz der beiden ersten Definitionen und erlaubt zudem, die Einschränkungen $P(A) > 0$ und $P(B) > 0$ fallenzulassen.

Beispiel (Würfeln): Bei einem regelmässigen Würfel betrachtet man die Ereignisse

$A = $ "gerade Augenzahl",
$B = $ "Augenzahl $\geqslant 4$",
$C = $ "Augenzahl $\geqslant 5$".

Dann ist $A \cap B = \{4,6\}$ und $A \cap C = \{6\}$. Man ersieht daraus unmittelbar, dass

- A und B abhängig sind, da $\quad \dfrac{1}{3} \neq \dfrac{1}{2} \cdot \dfrac{1}{2}$

- A und C unabhängig sind, da $\quad \dfrac{1}{6} = \dfrac{1}{2} \cdot \dfrac{1}{3}$.

Schliesslich sind B und C abhängig, da $C \subset B$ (s. § 2.3.2). ∎

2.3.2 Bemerkungen

Zum Begriff der stochastischen Unabhängigkeit sind noch folgende *Bemerkungen* von Interesse.

- Man zeigt leicht, dass aus der Unabhängigkeit von A und B die Unabhängigkeit von A und $\bar{B}$, von $\bar{A}$ und B und schliesslich die von $\bar{A}$ und $\bar{B}$ folgt.

- Zwei disjunkte Ereignisse von positiver Wahrscheinlichkeit sind immer voneinander abhängig. Wer sich von der Richtigkeit dieser Aussage überzeugt hat, der wird nicht mehr Gefahr laufen, die Begriffe unabhängig und disjunkt zu verwechseln! Tatsächlich ist disjunkt ein Begriff aus der Mengenlehre, wohingegen der Begriff der Unabhängigkeit erst dann verwendet werden kann, wenn auf der Ergebnismenge Ω ein Wahrscheinlichkeitsmass P definiert ist.

- Falls B $\subset$ A und die Wahrscheinlichkeit von A kleiner 1 ist, so sind die Ereignisse A und B nicht unabhängig.

- Die Unabhängigkeit *dreier* Ereignisse wird durch die 4 folgenden Bedingungen definiert:

    $P(A \cap B) = P(A) \cdot P(B)$
    $P(B \cap C) = P(B) \cdot P(C)$
    $P(C \cap A) = P(C) \cdot P(A)$
    $P(A \cap B \cap C) = P(A) \cdot P(B) \cdot P(C)$.

    Allgemein benötigt man $2^n - n - 1$ Gleichungen, um die Unabhängigkeit von n Ereignissen zu definieren.

- Im Paragraphen 1.3.3 wurden Produkträume eingeführt, um Zufallsexperimente zu beschreiben, welche man in eine Folge von paarweise voneinander unabhängigen Teilexperimenten zerlegen kann. Wir stellen nun fest, dass dieses Vorgehen im Einklang mit der in Paragraph 2.3.1 gegebenen exakten Definition der stochastischen Unabhängigkeit steht. Die frühere anschauliche Verwendung des Begriffs "Unabhängigkeit" hat sich damit als berechtigt erwiesen.

- Bei der Konstruktion von Wahrscheinlichkeitsmodellen setzen wir im folgenden überall dort stochastische Unabhängigkeit voraus, wo nicht ausdrücklich auf Abhängigkeiten hingewiesen wird.

2.4 Die Urnenmodelle

2.4.1 Verschiedene Arten, Kugeln zu ziehen

Wir haben bisher öfters Zufallsexperimente betrachtet, die in mehreren Stufen oder Teilexperimenten durchgeführt werden können. Zur Veranschaulichung solcher zusammengesetzter Experimente greift man häufig auf *Urnenmodelle* zurück, denen bei der Diskussion zahlreicher Fragen der Wahrscheinlichkeitstheorie und Statistik eine bedeutende Rolle zukommt.

Betrachten wir eine Urne, welche N verschiedene Kugeln enthält, die z. B. von 1 bis N numeriert sind. Aus dieser Urne zieht man zufällig n Kugeln, d. h. man entnimmt ihr eine Stichprobe vom Umfang n (n < N). Das kann auf mehrere Arten geschehen:

- Man kann die Kugeln nacheinander ziehen, indem man die entnommene Kugel jedesmal wieder in die Urne zurücklegt, bevor man die nächste zieht. Man spricht dann von einer *Ziehung mit Zurücklegen*.
- Man kann die Kugeln nacheinander ziehen, ohne die entnommenen Kugeln wieder zurückzulegen. Dies nennt man *Ziehung ohne Zurücklegen*.
- Man kann alle n Kugeln *gleichzeitig* ziehen. Wir werden zeigen, dass dies aus wahrscheinlichkeitstheoretischer Sicht identisch ist mit dem Ziehen ohne Zurücklegen.

2.4.2 Urne mit zwei Kugelarten

Wir nehmen nun an, eine Urne enthalte Kugeln verschiedener Farben, nämlich r weisse und N - r schwarze Kugeln. Allgemein könnte man natürlich Urnen betrachten, die Kugeln von mehr als zwei Farben enthalten. Wir interessieren uns für den Anteil dieser zwei Farben in einer dieser Urne entnommenen Stichprobe des Umfangs n. Anders ausgedrückt möchte man die Wahrscheinlichkeit $P(A_k)$ des Ereignisses A_k bestimmen, dass eine Stichprobe genau k weisse Kugeln enthält (k = 0, 1, 2, ..., n). Zu diesem Zweck betrachten wir jedes der drei oben beschriebenen Verfahren getrennt.

- Bei der *Ziehung* von n Kugeln *mit Zurücklegen* handelt es sich um n Teilexperimente, welche identisch und voneinander unabhängig sind. Man erhält

$$P(A_k) = \binom{n}{k} p^k (1-p)^{n-k},$$

wobei p=r/N die Wahrscheinlichkeit ist, dass man eine weisse Kugel zieht (k = 0, 1, 2, ..., n). Dieser grundlegenden Formel der Wahrscheinlichkeitsrechnung werden wir im folgenden Kapitel unter der Bezeichnung Binomialverteilung (§ 3.3.3) wieder begegnen.

Zum Beweis bezeichnen wir mit B_i das Ereignis, dass bei der i-ten Ziehung eine weisse Kugel gezogen wird (i = 1, 2, ..., n). Eine spezielle Realisierung des Ereignisses A_k ist dann gegeben durch

$$B_1 \cap B_2 \cap ... \cap B_k \cap \overline{B}_{k+1} \cap ... \cap \overline{B}_n \,;$$

ihre Wahrscheinlichkeit beträgt $p^k(1-p)^{n-k}$. Diese ändert sich nicht, wenn man die n Ereignisse B_i und $\overline{B}_j$ permutiert. Die Anzahl dieser Permutationen, d. h. die Anzahl der verschiedenen Realisierungen des Ereignisses A_k beträgt $\binom{n}{k}$ (s. § 1.5.4), woraus direkt die obige Beziehung folgt.

- Zieht man n Kugeln *ohne Zurücklegen*, so sind die vorliegenden n Teilexperimente weder identisch noch voneinander unabhängig. Die Wahrscheinlichkeit, eine weisse Kugel zu ziehen, ändert sich während der Ziehung laufend und hängt von dem schon erhaltenen Ergebnis ab. Mit Hilfe des Multiplikationssatzes aus Paragraph 2.2.1 kann man beweisen, dass die Wahrscheinlichkeit, bei n gezogenen Kugeln genau k weisse vorzufinden, durch

$$P(A_k) = \binom{n}{k} \frac{r}{N} \cdots \frac{r-k+1}{N-k+1} \cdot \frac{N-r}{N-k} \cdots \frac{N-r-n+k+1}{N-n+1}$$

$$= \frac{\binom{r}{k}\binom{N-r}{n-k}}{\binom{N}{n}}$$

gegeben ist, wobei $\max(0, n - N + r) \leq k \leq \min(r, n)$.

- Zieht man n Kugeln *gleichzeitig*, so kann man als Modell für dieses stochastische Experiment die diskrete Gleichverteilung (§ 1.4.1) heranziehen. Berechnet man die Anzahl der möglichen Fälle und die für das Stattfinden für A_k günstigen Fälle, so erhalten wir für $P(A_k)$ das gleiche Resultat wie beim Ziehen ohne Zurücklegen.

Das Modell der Ziehung *ohne* Zurücklegen entspricht am ehesten dem praktischen Vorgehen, wie es z. B. bei Durchführung einer Qualitätskontrolle angewendet wird. Andrerseits besitzt das Modell der Ziehung *mit* Zurücklegen wesentlich einfachere mathematische Eigenschaften und ist damit bequemer anzuwenden. Ausserdem kann man zeigen, dass

$$\frac{\binom{r}{k}\binom{N-r}{n-k}}{\binom{N}{n}} \rightarrow \binom{n}{k} p^k (1-p)^{n-k},$$

falls $N \rightarrow \infty$, $r \rightarrow \infty$ und $r/N \rightarrow p$. Das bedeutet, dass das Modell der Ziehung ohne Zurücklegen eine gute Näherung für das Modell der Ziehung mit Zurücklegen liefert, falls nur die Anzahl N der Kugeln der Urne gross im Vergleich zum Umfang n der Stichprobe ist. Aus diesem Grunde verwenden wir im folgenden fast ausschliesslich das Ziehungsmodell mit Zurücklegen, welches im nächsten Kapitel im Zusammenhang mit den diskreten Zufallsvariablen wieder aufgegriffen wird.

Beispiel (Garantiegewährung): Bei der Produktion eines Massenartikels treten im Mittel 10% Ausschuss auf. Der Artikel wird in Zehner-Packungen verkauft und der Hersteller garantiert, dass jede Packung mindestens 8 unbeschädigte Artikel enthält. Wie gross ist die Wahrscheinlichkeit, dass diese Garantie eingehalten wird?

Möchte man für die Lösung dieses Problems das Ziehungsmodell mit Zurücklegen heranziehen, so muss die Gesamtzahl N der Kugeln wesentlich grösser als 10 sein.. Da es sich um einen Massenartikel handelt, erscheint dies gerechtfertigt. Die Wahrscheinlichkeit, dass eine Packung den Garantiebedingungen genügt, berechnet sich dann wie folgt:

$$P(A) = P(A_8 \cup A_9 \cup A_{10}) = \sum_{k=8}^{10} P(A_k)$$

$$= \sum_{k=8}^{10} \binom{10}{k} 0{,}9^k \, 0{,}1^{10-k} = 0{,}9298,$$

wobei $A_k = $ " die Packung enthält k intakte Artikel ". ∎

2.5 Anwendung auf Zuverlässigkeitsprobleme

2.5.1 Einleitung

Die *Zuverlässigkeitstheorie* untersucht die Eignung *technischer Geräte*, bestimmte Aufgaben unter festen Bedingungen und während fester Zeitdauer zu erfüllen.

Wir nehmen an, jedes dieser Geräte befinde sich in einem der beiden Zustände:

- funktionstüchtig
- nicht funktionstüchtig, d. h. ausser Betrieb.

Weiter wird vorausgesetzt, dass zu Beginn jedes Gerät in funktionstüchtigem Zustand ist, und es sei im Rahmen dieses Buches jede Reparaturmöglichkeit für ein ausgefallenes Gerät ausgeschlossen. Gehen wir ferner davon aus, dass die Ausfälle sich auf zufällige Weise ereignen, so lassen sich Zuverlässigkeitsprobleme mit Hilfe der Wahrscheinlichkeitsrechnung lösen. In engeren Sinne definieren wir hier die *Zuverlässigkeit* eines Geräts als die Wahrscheinlichkeit, dass es während einer bestimmten Zeitspanne korrekt funktioniert, d. h. dass es während dieser Zeit zu keinerlei Ausfällen kommt. Das Zeitintervall wird in diesem Kapitel als konstant angenommen.

2.5.2 Zuverlässigkeit von Systemen

Zumeist lassen sich technische Geräte darstellen als *Systeme* von vielen Einzelteilen oder Komponenten, die untereinander in Wechselwirkung stehen und unter Umständen zu Teilsystemen zusammengefasst werden können. Um die Zuverlässigkeit eines solchen Systems zu berechnen, benötigt man demnach

- die Zuverlässigkeit der einzelnen Komponenten
- die *Zuverlässigkeitsstruktur* des Systems.

Letztere definiert den Zustand eines Systems in Abhängigkeit der Zustände seiner Komponenten. Wenn nichts Gegenteiliges bemerkt wird, so nehmen wir an, dass die Komponenten unabhängig voneinander funktionieren.

Im folgenden betrachten wir einige Systeme mit einfacher Struktur.

Definieren wir die Ereignisse

$S = $ " das System funktioniert "
$A_k = $ " das k-te Element funktioniert "

mit $k = 1, 2, ..., n$, so besteht die Aufgabe darin, $P(S)$ in Abhängigkeit der $P(A_k)$ zu bestimmen.

Ein *Seriensystem* funktioniert genau dann, wenn alle seine Elemente funktionieren. Der Ausfall eines beliebigen Elements bewirkt somit den Ausfall des gesamten Systems. Daraus folgt

$$S = A_1 \cap A_2 \cap ... \cap A_n$$

und somit

$$P(S) = \prod_{k=1}^{n} P(A_k).$$

Ein *Parallelsystem* funktioniert genau dann, wenn mindestens eines seiner Elemente funktioniert. Das System fällt demzufolge nur dann aus, wenn alle seine Elemente ausfallen. Somit folgt hier

$$S = A_1 \cup A_2 \cup ... \cup A_n$$

und weiter

$$P(S) = 1 - \prod_{k=1}^{n} [1 - P(A_k)].$$

Ein *k-von-n System* funktioniert nur dann, wenn mindestens k seiner Elemente funktionieren. Nehmen wir an, dass alle Elemente die gleiche Zuverlässigkeit $P(A_k) = p$ besitzen, so folgt nach Paragraph 2.4.2, dass

$$P(S) = \sum_{i=k}^{n} \binom{n}{i} p^i (1-p)^{n-i}.$$

Fügen wir noch an, dass sowohl Serien- als auch Parallelsysteme als Spezialfälle eines k-von-n-Systems aufgefasst werden können.

2.5.3 Zuverlässigkeitsschaltbilder

Zuverlässigkeitsschaltbilder sind ein geeignetes Mittel, um Systeme zu definieren und zu veranschaulichen.

Beispiele:

- Seriensystem:

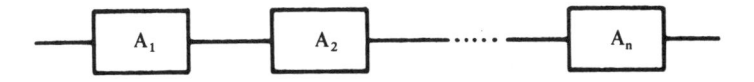

―□ A_1 □―□ A_2 □― ..... ―□ A_n □―

Fig. 2.2

- Parallelsystem mit 2 Komponenten:

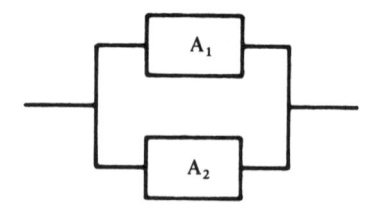

Fig. 2.3

- Aus Teilsystemen zusammengesetztes System:

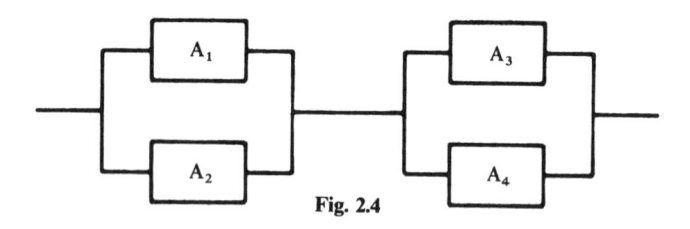

Fig. 2.4

Nimmt man an, dass die 4 Komponenten die gleiche Zuverlässigkeit p haben, so erhält man

$$P(S) = P(S_1)P(S_2) = [1-(1-p)^2]^2 = p^2(2-p)^2.$$

- Das durch die Figur 2.5 definierte System kann nicht in einfache Teilsysteme zerlegt werden; seine Zuverlässigkeit wird in Aufgabe 2.6.6 berechnet.

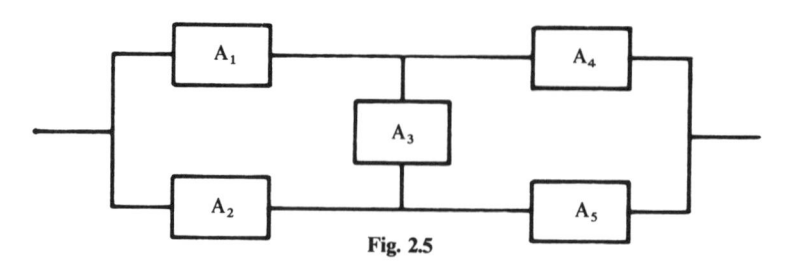

Fig. 2.5

Zum Schluss sei noch auf den Unterschied hingewiesen, der zwischen einem *Zuverlässigkeitsschaltbild* und einem *elektrischen Schaltbild* besteht. Betrachten wir z. B. einen elektrischen Stromkreis, der sich aus einer Spule und einem Kondensator zusammensetzt. Aus elektrotechnischer Sicht haben wir es hier mit einer Parallelschaltung zu tun. Da aber der Stromkreis nur funktioniert, falls beide Komponenten intakt sind, so handelt es sich im Sinne der Zuverlässigkeitstheorie um ein Seriensystem! Ein Zuverlässigkeitsschaltbild besteht also genaugenommen nicht aus den *Elementen* des Systems, sondern aus den entsprechenden *Ereignissen*.

2.6 Aufgaben

2.6.1 Man würfelt zweimal mit einem regelmässigen Würfel; die Ergebnisse seien X und Y. Für jedes der folgenden Paare von Ereignissen berechne man P(B) und P(B/A) durch Abzählen der günstigen Fälle und entscheide, ob A und B unabhängig sind.

a) $A = "X = 2"$ und $B = "Y \geqslant 2"$
b) $A = "X = 2"$ und $B = "X + Y = 4"$
c) $A = "X = 2"$ und $B = "X = Y"$
d) $A = "X = 2"$ und $B = "Y > X"$
e) $A = "X = 2"$ und $B = "2$ tritt mindestens einmal auf $"$.

2.6.2 Zehner-Packungen eines bestimmten Artikels werden folgendermassen kontrolliert: Man entnimmt die Artikel nacheinander, ohne sie zurückzulegen, bis man auf einen beschädigten Artikel trifft. Dies sei bei der X-ten Entnahme der Fall. Ist $X > 3$, so wird die Packung angenommen, andernfalls zurückgewiesen. Man berechne die Wahrscheinlichkeit P(A), dass eine Packung zurückgewiesen wird, falls sie

a) einen beschädigten Artikel
b) 5 beschädigte Artikel enthält.

2.6.3 Ein System setzt sich aus 2 Komponenten A_1 und A_2 zusammen. Aufgrund von statistischen Tests weiss man, dass

$P(A_1$ funktioniert$)$ = 0,8
$P(A_1$ und A_2 fallen aus$)$ = 0,1
$P($nur A_2 fällt aus$)$ = 0,2 .

Man berechne:

a) $P(A_1$ fällt aus$/A_2$ fällt aus$)$
b) $P($nur A_1 fällt aus$)$
c) $P(A_1$ fällt aus$/$ mindestens eine Komponente fällt aus$)$.

2.6.4 Eine Bank ist mit einer Alarmanlage ausgerüstet, welche im Falle eines Einbruchs mit einer Wahrscheinlichkeit von 0,95 funktioniert. Weiter beträgt die Wahrscheinlichkeit, dass die Anlage an einem bestimmten Tag Fehlalarm auslöst, 0,01, und die Wahrscheinlichkeit, dass an einem bestimmten Tag ein Einbruch verübt wird, ist 0,005.

a) Man berechne die Wahrscheinlichkeit, dass an einem bestimmten Tag ein Alarm ausgelöst wird.

b) Man berechne die Wahrscheinlichkeit, dass ein Alarm durch einen Einbruch ausgelöst wird.

Hinweis: Man führe klar definierte, mit Grossbuchstaben bezeichnete Ereignisse ein!

2.6.5 Ein System S fällt aus, falls entweder das Element A ausfällt, oder aber die zwei Elemente B und C gleichzeitig ausfallen.

a) Man gebe eine Beziehung an, welche die 4 Ereignisse S, A, B und C verknüpft; dabei ist z. B. S = " das System funktioniert ".

b) Man gebe das Zuverlässigkeitsschaltbild an.

c) Unter der Voraussetzung, dass die Zuverlässigkeiten der Elemente A, B und C 0,7, 0,8 und 0,8 betragen, berechne man die Zuverlässigkeit von S.

d) Um wieviel Prozent kann man P(S) erhöhen, indem man parallel zu A ein Element gleicher Zuverlässigkeit einbaut?

2.6.6 Man berechne die Zuverlässigkeit P(S) des in Figur 2.5 definierten Systems unter der Annahme, dass

$$P(A_1) = P(A_2) = P(A_3) = P(A_4) = p_1 = 0,9$$

und

$$P(A_5) = p_2 = 0,8.$$

(Man betrachte die beiden Fälle A_5 und $\overline{A}_5$ getrennt!)

2.6.7 Eine Sechser-Packung enthält zwei beschädigte Artikel. Man entnimmt die Artikel nacheinander, ohne sie zurückzulegen. Wie gross ist die Wahrscheinlichkeit $P(A_k)$, dass der zweite beschädigte Artikel in der k-ten Ziehung (k = 2, 3, ..., 6) entnommen wird? (Man stelle sämtliche möglichen Ergebnisse mit Hilfe eines Baumes dar.)

2.6.8 Eine regelmässige Münze werde n mal geworfen (n ≥ 2). Es sei

A_n = " man erhält höchstens einmal Kopf "

B_n = " Kopf und Zahl fallen mindestens je einmal ".

Sind die Ereignisse A_n und B_n unabhängig?

2.6.9 Eine Urne enthält 4 weisse und 2 schwarze Kugeln. Von den Zahlen 1, 2, 3 und 4 wählt man willkürlich eine Zahl k aus; anschliessend zieht man nacheinander k Kugeln, ohne sie zurückzulegen. Man berechne die Wahrscheinlichkeit, dass die gezogenen Kugeln alle

a) weiss sind,
b) die gleiche Farbe haben.

2.6.10 Ein Sender sendet die Signale 0 und 1. Infolge von zufallsbedingten Störungen wird ein Signal mit einer Wahrscheinlichkeit von p = 0,2 geändert. Zur Verbesserung der Übertragungsqualität entschliesst man sich deshalb, Blöcke mit jeweils 5 Ziffern zu senden, d. h. (00000) anstelle von 0 und (11111) anstelle von 1.

Man definiert nun A = " (00000) wurde gesendet ", B = " (00000) wurde empfangen " und C = " die Mehrheit der empfangenen Ziffern waren 0 ".

a) Man berechne $P(B/A)$, $P(B/\overline{A})$, $P(C/A)$ und $P(C/\overline{A})$.

b) Sei weiter angenommen, dass $P(A) = 0{,}8$. Man bestimme $P(B)$, $P(C)$ und $P(A/C)$.

KAPITEL 3:
Diskrete Zufallsvariable

3.1 Zufallsvariable

3.1.1 Definition und Beispiele

Bei vielen stochastischen Experimenten ist man weniger an den möglichen Ergebnissen interessiert als an reellen Zahlen, die jedem Ergebnis aufgrund einer bestimmten Vorschrift zugeordnet werden. Einige Beispiele sollen dies erläutern.

Beispiel (Wurf einer Münze): Man wirft dreimal eine Münze. Dann besteht die Ergebnismenge aus den folgenden acht Elementarereignissen:

$$\Omega = \{KKK, KKZ, ..., ZZZ\},$$

wobei K für "Kopf" und Z für "Zahl" steht. Ω ist demnach ein kartesisches Produkt

$$\Omega = \Omega_1 \times \Omega_2 \times \Omega_3,$$

wobei $\Omega_k = \{K, Z\}$ die möglichen Ergebnisse des k-ten Wurfs (k = 1, 2, 3) beschreibt.

Falls man sich in erster Linie für die Anzahl "Kopf" interessiert, die man in den drei Würfen erhält, so bedeutet dies, dass man jedem Ereignis ω eine reelle Zahl $X(\omega)$ zuordnet. Für $\omega = (ZZK)$ erhält man z.B. $X(\omega) = 1$. Auf diese Art wird Ω in vier Ereignisse zerlegt, welche den Ergebnissen mit der gleichen Anzahl "Kopf" entsprechen. ∎

Beispiel (Lebensdauer): Bei einer Serienproduktion von elektrischen Geräten eines bestimmten Typs wird der Tagesproduktion zufällig ein Artikel entnommen und seine Lebensdauer gemessen. Die Ergebnismenge Ω besteht dann aus sämtlichen, am selben Tag produzierten Geräten, $X(\omega)$ hingegen ist gleich der Lebensdauer des Geräts ω. ∎

Beispiel (Verkehrsfluss): Man beobachtet auf einer Strasse den Verkehrsfluss und ordnet die Fahrzeuge in eine der folgenden Kategorien ein: Personenwagen, Motorrad, Bus oder Lastwagen. Zur statistischen Auswertung ordnet man diesen Kategorien die Werte 0, 1, 2 und 3 zu. ∎

Diese Beispiele führen uns direkt zur Definition des Begriffs der Zufallsvariablen, welchem in der Wahrscheinlichkeitstheorie eine grundlegende Rolle zukommt. Gegeben sei ein stochastisches Experiment mit zugehöriger Ergebnismenge Ω. Eine reelle *Zufallsvariable* X dieses Experiments ist eine auf Ω definierte reellwertige Funktion. Die Wertemenge von X wird mit $X(\Omega)$ bezeichnet. Eine Zufallsvariable heisst *diskret*, falls $X(\Omega)$ endlich oder abzählbar ist; sie heisst *stetig*, falls $X(\Omega)$ aus einem rellen endlichen oder unendlichen Intervall besteht. Statt Zufallsvariable benutzt man auch häufig den Begriff *Zufallsgrösse*.

3.1.2 Bemerkungen

Die obige Definition erfordert einige Erläuterungen.

- Traditionsgemäss werden Zufallsvariable mit Grossbuchstaben X, Y, ... bezeichnet, um sie so von den Werten x, y, ... zu unterscheiden, welche sie annehmen können. Die Bezeichnung "Zufallsvariable" stammt im übrigen aus einer Zeit, in der die obige Definition noch nicht verwendet wurde. Nach dieser Definition ist nämlich eine "Zufallsvariable" weder eine Variable noch ist sie irgendwie zufällig, sondern eine auf der Menge Ω aller möglichen Ergebnisse eines stochastischen Experiments definierte reelle Funktion.

- Bei gewissen Experimenten, wie z. B. beim Würfeln, besteht die Ergebnismenge Ω bereits aus den uns interessierenden Zahlen. Zur Beschreibung durch eine Zufallsvariable greift man dann auf die identische Abbildung von Ω auf sich zurück.

- Bei den oben erwähnten Beispielen von Zufallsgrössen handelt es sich im zweiten Fall um eine stetige Zufallsvariable, während die beiden anderen Zufallsvariablen diskret sind. Allgemein lässt sich feststellen, dass man *diskrete* Zufallsvariable stets dann verwendet, wenn man Ereignisse *zählt*, die auf unvorhergesehene Art und Weise eintreffen. *Stetige* Zufallsvariable dagegen benutzt man, wenn man physikalische Grössen (Länge, Masse, Zeit etc.) *misst*, die gewissen zufälligen Schwankungen unterworfen sind. Eine auf einer endlichen oder abzählbaren Ergebnismenge definierte Zufallsvariable ist offensichtlich immer diskret, wohingegen eine Zufallsvariable, die auf einer überabzählbar unendlichen Mengen definiert ist, sowohl diskret als auch stetig sein kann. Aus praktischen Gründen behandeln wir die zwei verschiedenen Typen getrennt und beginnen im vorliegenden Kapitel mit der Untersuchung der diskreten Zufallsvariablen.

- Natürlich kann man jedem Ergebnis eines stochastischen Experiments mehr als eine reelle Zahl zuordnen und somit eine mehrdimensionale Zufallsvariable, auch Zufallsvektor genannt, definieren. Setzt man z. B. X = Alter und Y = Grösse einer zufällig ausgewählten Person aus einer fest vorgegebenen Bevölkerung, so wird dadurch auf der entsprechenden Ergebnismenge ein zweidimensionaler *Zufallsvektor* definiert. Solche mehrdimensionalen Zufallsvariablen sind Gegenstand des fünften Kapitels.

3.2 Diskrete Zufallsvariable

3.2.1 Wahrscheinlichkeitsverteilung einer diskreten Zufallsvariablen

Sei $\{x_1, x_2, ..., x_n, ...\} = X(\Omega)$ die Wertemenge einer diskreten Zufallsvariablen X. Jedem Wert x_k können wir das Ereignis $\{X = x_k\}$ sowie die zugehörige Wahrscheinlichkeit $P(\{X = x_k\})$ zuordnen, welche auch $P(X = x_k) = p_k$ geschrieben wird (k = 1, 2, ..., n, ...).

Durch die Zufallsvariable X wird also auf der abzählbaren Menge X(Ω) ein Wahrscheinlichkeitsmass konstruiert, das man *Wahrscheinlichkeitsverteilung* oder kurz *Verteilung* von X nennt. Unter der Verteilung von X versteht man also diejenige Abbildung, welche jedem Wert $x_k \in X(\Omega)$ seine Wahrscheinlichkeit $P(X = x_k)$ zuordnet (k=1, 2, ...) .

Die Wahrscheinlichkeitsverteilung einer Zufallsvariablen lässt sich graphisch mit Hilfe eines sogenannten *Stabdiagramms* veranschaulichen. Dabei wird in der kartesischen Ebene jedem x_k ein Stab zugeordnet, dessen Länge proportional zu p_k ist. Eine weitere Darstellungmöglichkeit bietet das sogenannte *Histogramm*. Dieses besteht aus Rechtecken gleicher Breite, deren Flächen proportional zu den Wahrscheinlichkeiten p_k sind (s. Fig 3.1 und 3.2).

Beispiel (Wurf einer Münze): Greifen wir nochmals das erste Beispiel des Paragraphen 3.1.1 auf und nehmen wir an, die Münze, die man dreimal wirft, sei regelmässig. Falls X die Anzahl der "Kopf" in den drei Würfen bezeichnet, so ist $X(\Omega) = \{0, 1, 2, 3\}$ und

$$P(X = k) = \binom{3}{k}\left(\frac{1}{2}\right)^3 \qquad (k = 0, 1, 2, 3).$$

Die Analogie zum Urnenmodell mit Zurücklegen der gezogenen Kugeln (s. Abschnitt 2.4) ist unmittelbar ersichtlich; in unserem Beispiel betragen n = 3 und p = 1/2.

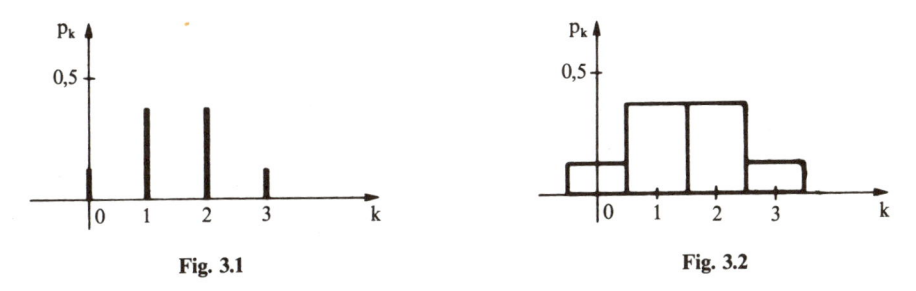

Fig. 3.1

Fig. 3.2

Die Figuren 3.1 und 3.2 zeigen das Stabdiagramm und das Histogramm der Verteilung der Zufallsvariablen X. ∎

3.2.2 Bemerkungen

- Manchem Leser wird die Analogie aufgefallen sein, die zwischen einer diskreten Wahrscheinlichkeitsverteilung und der Verteilung einer Einheitsmasse auf abzählbar vielen Punkten einer Geraden besteht. Es mag im folgenden oft nützlich sein, sich daran zu erinnern.

- In den ersten zwei Kapiteln wurden Probleme der Wahrscheinlichkeitsrechnung unter Zuhilfenahme eines Wahrscheinlichkeitsraums (Ω ,P) gelöst, was Operationen mit Teilmengen A von Ω sowie der zugehörigen Mengenfunktion P(A) nötig machte.

Die Begriffe der Zufallsvariablen und der zugehörigen Wahrscheinlichkeitsverteilung ermöglichen nun eine neue Betrachtungsweise eines Zufallsphänomens. Insbesondere können wir in Zukunft Wahrscheinlichkeitsprobleme unter Verwendung von Methoden lösen, wie sie in der Analysis zur Untersuchung von reellen Zahlenfolgen und Funktionen verwendet werden. Hierbei ist es üblich, die etwas schwerfälligen Bezeichnungen der Mengenlehre zu vereinfachen; so schreibt man z. B. anstelle des Ereignisses $\{\omega \in \Omega ; a < X(\omega) < b\}$ kurz $\{a < X < b\}$.

- In der Praxis führt man oft Wahrscheinlichkeitsverteilungen ein, ohne sich vor Augen zu halten, dass diese eigentlich mittels Abbildungen eines Wahrscheinlichkeitsraums in die reellen Zahlen definiert wurden.

Dies ist möglich, weil jede Folge von reellen Zahlen x_k (k = 1, 2, ..., n, ...), denen man positive Zahlen p_k mit Summe 1 zuordnet, als Wahrscheinlichkeitsverteilung einer diskreten Zufallsvariablen X aufgefasst werden kann.

Dennoch verlieren die in den ersten zwei Kapiteln vorgestellten Begriffe nichts an Bedeutung; sie sind auch weiterhin grundlegend für das Verständnis aller wahrscheinlichkeitstheoretischen Überlegungen.

3.2.3 Berechnung einer diskreten Wahrscheinlichkeitsverteilung

Um die Wahrscheinlichkeiten $p_k = P(X = x_k)$ zu berechnen, durch welche eine diskrete Verteilung definiert wird, benutzt man im allgemeinen die in Paragraph 1.4.4 beschriebene statistische Methode. Damit erhält man die sogenannte *empirische Verteilung* einer Zufallsvariablen.

Beispiel (Eintreffen von Kunden vor einem Schalter). Sei X die Anzahl der Kunden, die im Laufe eines bestimmten Zeitintervalls an einem Schalter vorsprechen. Beobachtungen, die während längerer Zeit durchgeführt wurden, lieferten die folgende empirische Verteilung von X:

x_k	0	1	2	3	4
p_k	0,17	0,33	0,30	0,13	0,07

■

Aus theoretischen und praktischen Gründen ist man nun oft daran interessiert, eine Wahrscheinlichkeitsverteilung mit Hilfe eines theoretischen Modells zu bestimmen. Das bedeutet, dass die Wahrscheinlichkeiten p_k in analytischer Form als Funktion des Indexes k dargestellt werden. Dies erlaubt es, auf die bekannten Methoden der Analysis zurückzugreifen und damit oft langwierige numerische Rechnungen zu vermeiden. Des weiteren gelangt man auf diese Weise häufig zu einem besseren Verständnis des zu untersuchenden stochastischen Phänomens. Die diskreten theoretischen Wahrscheinlichkeitsverteilungen, die man am häufigsten verwendet, werden im folgenden Abschnitt vorgestellt.

In diesem Zusammenhang stellt sich die Frage, wie man die theoretische Verteilung bestimmt, welche als beste Näherung einer empirischen Verteilung angesehen werden kann und daher das betrachtete Zufallsexperiment am besten beschreibt. Für das obige Beispiel werden wir im Paragraphen 3.5.3 diese Frage erläutern.

Das grundlegende Problem, ein konkretes physisches Geschehen durch ein wahrscheinlichkeitstheoretisches Modell bestmöglich darzustellen, gehört zu den Aufgaben der mathematischen Statistik; in den Kapiteln 7 und 8 werden wir verschiedene statistische Methoden kennenlernen.

3.3 Wichtige diskrete Verteilungen

3.3.1 Bernoulliverteilung

Das einfachste stochastische Experiment ist dasjenige, welches nur zwei mögliche Ergebnisse liefert. Es wird als *Bernoulliexperiment* bezeichnet. Die beiden Ereignisse werden *Erfolg* A und *Misserfolg* $\bar{A}$ genannt. Seien $p = P(A)$ und $q = 1 - p = P(\bar{A})$ die entsprechenden Wahrscheinlichkeiten, von denen wir hier annehmen, dass sie ungleich null sind.

Ordnet man diesen Ereignissen die Werte 1 und 0 zu, so definiert man damit eine *bernoullische Zufallsvariable* X, deren Wahrscheinlichkeitsverteilung gegeben ist durch

$$P(X = 1) = p \quad \text{und} \quad P(X = 0) = q = 1 - p.$$

Die folgenden stochastischen Experimente können mit Hilfe Bernoullischer Variablen beschrieben werden:

- Wurf einer Münze (Kopf oder Zahl)
- Ziehen einer Kugel aus einer Urne, die Kugeln von zwei Farben enthält
- Bei Qualitätskontrollen kann der entnommene Artikel entweder beschädigt oder unbeschädigt sein.

3.3.2 Diskrete Gleichverteilung

Im Paragraphen 1.4.2 haben wir uns mit endlichen Ergebnismengen beschäftigt, deren Elemente alle mit der gleichen Wahrscheinlichkeit auftreten, kurz gleichwahrscheinlich sind, und daraus die Definition der diskreten Gleichverteilung hergeleitet.

Dementsprechend nennen wir eine diskrete Zufallsvariable *gleichverteilt*, wenn sie alle ganzzahligen Werte zwischen 1 und n mit gleicher Wahrscheinlichkeit annimmt:

$$P(X = k) = 1/n \qquad \text{für } k = 1, 2, ..., n.$$

Der Wurf eines regelmässigen Würfels liefert das wohl am häufigsten verwendetet Beispiel einer gleichverteilten Zufallsvariablen.

3.3.3 Binomialverteilung

Man führt ein Bernoulliexperiment n mal unabhängig voneinander durch und interessiert sich für die Anzahl X der dabei auftretenden Erfolge. Die Verteilung von X heisst *Binomialverteilung;* man sagt auch, X sei nach B(n, p) verteilt, wobei p die Erfolgswahrscheinlichkeit des Bernoulliexperiments ist.

Ein bekanntes Zufallsexperiment, dass durch eine binomische Variable beschrieben werden kann, ist das Ziehen von Kugeln mit Zurücklegen aus einer Urne, welche Kugeln von zwei verschiedenen Farben enthält; man achtet dabei auf die Anzahl gezogener Kugeln der einen Farbe.

Das dafür in Abschnitt 2.4 hergeleitete Ergebnis ergibt unmittelbar die Wahrscheinlichkeitsverteilung einer binomialen Zufallsvariablen X:

$$P(X = k) = \binom{n}{k} p^k (1-p)^{n-k}$$

mit k = 0, 1, ..., n; n und p sind die zwei Parameter, welche die Binomialverteilung festlegen. Die binomischen Wahrscheinlichkeiten P(X = k) werden auch mit B(k; n, p) bezeichnet. Im Anhang dieses Buches befindet sich eine Tabelle der Wahrscheinlichkeiten

$$P(X \leq c) = \sum_{k=0}^{c} \binom{n}{k} p^k (1-p)^{n-k},$$

welche bei praktischen Berechnungen häufig auftreten.

Aus der Definition folgt, dass eine Zufallsvariable vom Typ B(n, p) nichts anderes ist als die Summe von n unabhängigen bernoullischen Zufallsvariablen:

$$X = X_1 + X_2 + ... + X_n,$$

wobei $X_k = 1$ oder 0, je nachdem, ob das Ergebnis des k-ten Experiments ein Erfolg oder ein Misserfolg ist, und wo $P(X_k = 1) = p$ für k=1, 2, ..., n. Auf diese Darstellung einer binomialverteilten Variablen werden wir im folgenden noch öfters zurückgreifen.

Man beachte, dass die binomischen Wahrscheinlichkeiten B(k; n, p) einfach die Koeffizienten der Entwicklung des Binoms $(p + q)^n$ sind, was auch den Namen dieser Verteilung erklärt. Insbesondere folgt daraus

$$\sum_{k=0}^{n} B(k; n, p) = 1$$

3.3.4 Geometrische Verteilung

Betrachten wir nochmals eine Folge von unabhängigen Bernoulliexperimenten; die Wahrscheinlichkeit p, mit der ein Erfolg eintritt, sei für alle Experimente gleich (0 < p < 1). Diesmal interessiert man sich für die Anzahl X der Experimente, die durchgeführt werden müssen, bis zum ersten Mal ein Erfolg eintritt. Die natürlichen Zahlen bilden offensichtlich die

Wertemenge dieser Zufallsvariablen. Durch Anwendung des Multiplikationssatzes erhält man direkt

$$P(X = k) = (1 - p)^{k-1}p, \text{ mit } k = 1, 2, ..., n, ...$$

Diese Verteilung heisst *geometrische Verteilung* oder auch *Pascalsche Verteilung*; sie hängt vom einzigen Parameter p = P(X = 1) ab. Die Wahrscheinlichkeiten P(X = k) bilden eine geometrische Folge, was den Namen dieser Verteilung erklärt.

Die geometrische Verteilung wie auch ihre Verallgemeinerung, die negative Binomialverteilung (s. § 3.3.6), tritt häufig in der Theorie der Wartesysteme auf, welche heutzutage in vielen technischen und wirtschaftlichen Bereichen angewendet wird.

Manchmal liegt die geometrische Verteilung in leicht abgeänderter Form vor:

$$P(X = k) = (1 - p)^k p, \text{ mit } k = 0, 1, 2, ..., n, ...$$

Da sowohl die Binomialverteilung als auch die geometrische Verteilung mit Folgen von Bernoulliexperimenten zusammenhängen, besteht beim Anfänger die Gefahr, dass er sie verwechselt. Daher sei nochmals darauf hingewiesen, dass die Binomialverteilung die Anzahl der *Erfolge* während einer bestimmten Anzahl von Experimenten untersucht, wohingegen die geometrische Verteilung sich auf die Anzahl der *Experimente* bezieht, die nötig sind, bis zum ersten Mal ein Erfolg eintritt.

3.3.5 Poissonverteilung

Genau wie eine geometrische Zufallsvariable nimmt auch eine *Poissonsche Zufallsvariable* unendlich viele Werte k, k = 0, 1, 2, ..., n, ..., an. Die entsprechenden Wahrscheinlichkeiten lauten

$$P(X = k) = e^{-\lambda}\lambda^k/k!,$$

wobei λ ein positiver Parameter ist. Man zeigt leicht, dass es sich bei diesem Ausdruck um ein Wahrscheinlichkeitsverteilung handelt, die im folgenden mit $P(\lambda)$ bezeichnet wird. Statt die Poissonschen Wahrscheinlichkeiten mit Hilfe der obigen Gleichung zu berechnen, benutzt man, zumindest für kleine λ ($\lambda < 10$), im allgemeinen eine Tabelle (s. Anhang). Für $\lambda > 10$ kann man zeigen, dass X annähernd normalverteilt ist (s. Abschnitt 6.3).

Die Poissonverteilung ist aus mehreren Gründen von besonderer Bedeutung: Zwei davon möchten wir erwähnen. Erstens wird sie oft zur Beschreibung von Ereignissen herangezogen, deren Wahrscheinlichkeit klein ist; daher bezeichnet man sie auch als "Verteilung der seltenen Ereignisse". Tatsächlich werden wir in Paragraph 6.2.2 nachweisen, dass die Poissonverteilung für kleine p-Werte unter gewissen Voraussetzungen eine ausgezeichnete Approximationsmöglichkeit für die Binomialverteilung liefert. Sie dient aus diesem Grunde zur Beschreibung von Phänomenen wie

- die Anzahl der Fehler, die ein serienmässig gefertigter Artikel aufweist
- die Anzahl der Unfälle, die in einer Fabrik während einer festen Zeitspanne auftreten
- die Anzahl der beschädigten Artikel in einer Warenlieferung.

Zweitens trifft man die Poissonverteilung bei der Untersuchung einer wichtigen Klasse *stochastischer Prozesse* an, die unter dem Namen *Poisson-Prozesse* bekannt sind. Diese ermöglichen es, den zeitlichen Ablauf einer zufälligen Folge von Ereignissen zu erfassen wie zum Beispiel

- die in einer Telephonzentrale ankommenden Anrufe
- das Auftreten von Pannen in einem Maschinenpark
- das Eintreffen radioaktiver Teilchen an einem Zähler.

Erfüllt ein solcher stochastischer Prozess gewisse Bedingungen (s. § 5.4.3), so kann man zeigen, dass die Anzahl der während einer Zeitspanne der Länge t stattfindenden Ereignisse einer Poissonverteilung unterliegt, deren Parameter proportional zur Zeit t ist.

3.3.6 Weitere diskrete Verteilungen

Von den folgenden Verteilungen werden wir im Rahmen dieses Buches kaum Gebrauch machen:

- *Negative Binomialverteilung*

Diese stellt eine Verallgemeinerung der geometrischen Verteilung aus § 3.3.4 dar. Man betrachtet also wiederum eine Folge von unabhängigen Bernoulliexperimenten mit Parameter p. Mit X bezeichnet man die Anzahl der nötigen Experimente bis zum r-ten Erfolg (r = 1, 2, ...). Dann gilt

$$P(X = k) = \binom{k-1}{r-1} p^r (1-p)^{k-r}$$

mit k = r, r + 1, ...

- *Hypergeometrische Verteilung*

Während sich die Binomialverteilung auf das Urnenmodell *mit* Zurücklegen der gezogenen Kugeln bezieht, verwendet man die hypergeometrische Verteilung zur Beschreibung des Kugelziehens *ohne* Zurücklegen. Sei also eine Urne mit r weissen und N - r schwarzen Kugeln gegeben, der eine Stichprobe vom Umfang n ohne Zurücklegen der Kugeln entnommen wird. Bezeichnen wir mit X die darin enthaltenen weissen Kugeln, so gilt (s. § 2.4.2):

$$P(X = k) = \frac{\binom{r}{k}\binom{N-r}{n-k}}{\binom{N}{n}},$$

wobei die Wertemenge von X gegeben ist durch

$$\max(0, n - N + r) \leq k \leq \min(n, r).$$

3.4 Erwartungswert und Varianz

3.4.1 Definitionen

Die genaue Kenntnis einer Wahrscheinlichkeitsverteilung ist oft weder möglich noch nötig. In solchen Fällen möchte man das stochastische Verhalten einer Zufallsvariablen mit Hilfe von einem oder mehreren *Verteilungsparametern* zumindest teilweise erfassen. Die zwei am häufigsten benutzten Merkmale einer Zufallsvariablen X sind

- der *Erwartungswert*, auch Mittelwert oder Moment erster Ordnung genannt und mit E(X) oder μ bezeichnet

- die *Varianz*, auch zentrales Moment zweiter Ordnung genannt und mit Var(X) oder σ^2 bezeichnet.

Im Fall einer diskreten Zufallsvariablen X, welche den Wert x_k mit der Wahrscheinlichkeit p_k (k = 1, 2, ..., n, ...) annimmt, sind diese Parameter wie folgt definiert:

$$E(X) = \mu = \sum_k x_k p_k$$

und

$$Var(X) = \sigma^2 = \sum_k (x_k - \mu)^2 p_k .$$

Die Varianz berechnet man häufig mit Hilfe der folgenden Formel, die leicht nachzuprüfen ist:

$$Var(X) = \sigma^2 = \sum_k x_k^2 p_k - \mu^2 .$$

Aus ihrer Definition folgt, dass die Varianz nicht-negativ ist; ihre Quadratwurzel σ heisst *Standardabweichung* der entsprechenden Zufallsvariablen.

Beispiel (Eintreffen von Kunden vor einem Schalter): Für das Beispiel aus Paragraph 3.2.3 erhält man für Mittelwert und Varianz die Werte

$$\mu = 1 \cdot 0{,}33 + 2 \cdot 0{,}30 + 4 \cdot 0{,}07 = 1{,}60$$

und

$$\sigma^2 = 1^2 \cdot 0{,}33 + 2^2 \cdot 0{,}30 + 3^2 \cdot 0{,}13 + 4^2 \cdot 0{,}07 - 1{,}60^2$$
$$= 3{,}82 - 2{,}56 = 1{,}26 .\qquad\blacksquare$$

Beispiel: Beim Spezialfall der diskreten Gleichverteilung ist der Erwartungswert gleich dem arithmetischen Mittel der von X angenommenen Werte. $\blacksquare$

Beim Erwartungswert handelt es sich um einen *Lageparameter*, welcher über die Grössenordnung der von X angenommenen Werte Auskunft gibt. Die Varianz hingegen liefert ein *Mass für die Streuung* dieser Werte bezüglich des Mittelwerts µ in dem Sinne, dass die Werte von X umso näher bei µ liegen, je kleiner die Varianz ist. Ist die Varianz gleich Null, so ist die entsprechende Zufallsvariable "fast sicher", d. h. es existiert eine Zahl c , so dass P(X = c) = 1 ist.

Beispiel: Man vergleiche die Verteilungen der folgenden drei Zufallsvariablen X, Y und Z:

x_k	0	1	2	3	4
$P(X = x_k)$	0,2	0,2	0,2	0,2	0,2
y_k	8	9	10	11	12
$P(Y = y_k)$	0,2	0,2	0,2	0,2	0,2
z_k	-2	0	4	6	
$P(Z = z_k)$	0,3	0,2	0,2	0,3	

Man stellt fest, dass X und Y die gleiche Varianz besitzen, jedoch nicht den gleichen Mittelwert. X und Z hingegen schwanken um den gleichen Mittelwert, jedoch mit unterschiedlicher Streuung. ∎

Im Paragraphen 3.3.2 haben wir bereits auf die Analogie hingewiesen, die zwischen einer Wahrscheinlichkeitsverteilung und der Verteilung einer Einheitsmasse auf der Geraden besteht. Wir stellen nun fest, dass dabei dem Erwartungswert die Abszisse des Massenschwerpunkts entspricht und der Varianz das bezüglich des Schwerpunktes berechnete Trägheitsmoment.

Zum Schluss sei noch bemerkt, dass eine Zufallsvariable mit unendlich grosser Wertemenge nicht notwendigerweise einen Erwartungswert oder eine Varianz besitzt (s. Aufgabe 3.6.4).

3.4.2 Eigenschaften

Gegeben seien zwei Konstanten a (a ≠ 0) und b. Man beweist leicht die folgenden *Eigenschaften*:

- Falls X = b,   so gilt E(X) = b und Var(X) = 0
- E(aX + b)   = aE(X) + b
- Var(aX + b)   = a^2 Var(X).

Wir werden in Kapitel 5 sehen, dass die Summe zweier Zufallsvariablen X und Y, die auf derselben Ergebnismenge definiert sind, wiederum eine Zufallsvariable ist und dass

$$E(X + Y) = E(X) + E(Y).$$

Diese Eigenschaften bedeuten, dass der Erwartungswert ein *linearer Operator* auf der Menge der Zufallsvariablen ist, die einem stochastischen Experiment zugeordnet werden können.

Manchmal erweist es sich als günstig, einer Zufallsvariablen X mit Erwartungswert µ und Varianz σ die sogenannte *standardisierte* oder *normierte Zufallsvariable* $X^* = aX + b$ zuzuordnen, welche die folgenden Bedingungen erfüllt:

$$E(X^*) = 0 \quad \text{und} \quad Var(X^*) = 1.$$

Aufgrund der obigen Eigenschaften stellt man unmittelbar fest, dass $a = 1/\sigma$ und $b = -\mu/\sigma$ und somit $X^* = (X - \mu)/\sigma$ ist.

3.4.3 Funktionen einer diskreten Zufallsvariablen

Sei X eine diskrete oder stetige Zufallsvariable und φ eine reelle Funktion. Dann ist $Y = \varphi(X)$ ebenfalls eine Zufallsvariable, welche auf derselben Ergebnismenge definiert ist und welche dem Elementarereignis ω den Wert $y = \varphi(X(\omega))$ zuordnet. Liegt eine *diskrete* Zufallsvariable vor, so kann die Verteilung von Y zumeist problemlos aus derjenigen von X gewonnen werden; wir brauchen dazu lediglich Wahrscheinlichkeiten von Ereignissen der Form $\{\omega; \varphi(X(\omega)) = y_k\}$ berechnen.

Ist man jedoch nur am Erwartungswert von Y interessiert, so kann man die Berechnung der Verteilung von $Y = \varphi(X)$ umgehen. Es kann nämlich gezeigt werden, dass

$$E(Y) = E(\varphi(X)) = \sum_k \varphi(x_k) p_k ,$$

wobei $p_k = P(X = x_k)$.

Beispiel: Sei X eine Zufallsvariable, deren Wahrscheinlichkeitsverteilung durch $P(X = -1) = 0{,}2$, $P(X = 1) = 0{,}3$ und $P(X = 2) = 0{,}5$ gegeben ist. Der Erwartungswert von $Y = |X|$ lautet dann

$$E(Y) = 1 \cdot 0{,}2 + 1 \cdot 0{,}3 + 2 \cdot 0{,}5 = 1{,}5. \qquad \blacksquare$$

Mit Hilfe der obigen Beziehung lässt sich die Varianz einer Zufallsvariablen X auch folgendermassen darstellen:

$$Var(X) = E((X - \mu)^2) = E(X^2) - (E(X))^2 .$$

Allgemein bezeichnet man $E(X^k)$ als *Moment k-ter Ordnung* der zu X gehörigen Wahrscheinlichkeitsverteilung und $E((X - \mu)^k)$ als ihr *zentrales Moment k-ter Ordnung* (k = 1, 2, ..., n. ...).

3.4.4 Beispiel: Ankunft von Öltankern in einem Hafen

Man nimmt an, dass es sich bei der Anzahl der Öltanker, die täglich einen Hafen anlaufen, um eine Poissonsche Variable mit Parameter $\lambda = 2$ handelt. Es können maximal drei Tanker pro Tag entladen werden; falls mehr als drei einlaufen, so werden die restlichen in einen anderen Hafen umgeleitet. Man berechne

- die Wahrscheinlichkeit, dass mindestens ein Tanker abgewiesen wird.
- die durchschnittliche Anzahl von Tankern, die pro Tag im Hafen abgefertigt werden.

Seien X die Anzahl der täglich einlaufenden und Y die Anzahl der täglich abgefertigten Öltanker. Dann erhält man mittels der Tabelle der Poissonverteilung

$$P(X > 3) = 1 - P(X \leq 3) = 1 - 0{,}8571 = 0{,}1429.$$

Weiterhin ergibt sich für die Zufallsvariable Y die folgende Verteilung

$$\begin{array}{lll} P(Y = k) = & P(X = k) & (k = 0, 1, 2), \\ P(Y = 3) = & P(X \geq 3) = & 0{,}3233 \end{array}$$

und somit

$$E(Y) = \sum_{k=0}^{3} k\, P(Y = k) = 1{,}782. \qquad \blacksquare$$

3.5 Erwartungswert und Varianz einiger wichtiger diskreter Verteilungen

3.5.1 Ergebnisse

Für die in Abschnitt 3.3 vorgestellten diskreten Verteilungen lassen sich Erwartungswert und Varianz in Abhängigkeit der entsprechenden Parameter wie folgt angeben:

Verteilung	μ	σ^2
Bernoulliverteilung B(1, p)	p	p(1-p)
Gleichverteilung	(n + 1)/2	$(n^2 - 1)/12$
Binomialverteilung B(n, p)	np	np(1 - p)
geometrische Verteilung	1/p	$(1 - p)/p^2$
Poissonverteilung P(λ)	λ	λ

Die Poissonverteilung besitzt somit die bemerkenswerte Eigenschaft, dass ihr einziger Parameter λ gleichzeitig Mittelwert und Varianz liefert. Bei einer geometrischen Zufallsvariablen hingegen ist die durchschnittliche Anzahl der Versuche bis zum Eintreten des ersten Erfolges reziprok zur Wahrscheinlichkeit, mit der ein Erfolg eintritt.

3.5.2 Beweise

Beim Beweis der obigen Ergebnisse werden wir für die Varianz stets von der Beziehung

$$Var(X) = E(X^2) - (E(X))^2$$

ausgehen.

- *Bernoulliverteilung* $B(1, p)$

Es gilt

$$E(X) = 0 \cdot (1 - p) + 1 \cdot p = p$$

und

$$E(X^2) = 0 \cdot (1 - p) + 1 \cdot p = p.$$

Somit folgt

$$Var(X) = p(1 - p).$$

- *Diskrete Gleichverteilung*

Die Gleichungen für Erwartungswert und Varianz folgen direkt aus ihrer Definition und den folgenden algebraischen Identitäten

$$1 + 2 + \ldots + n = n(n + 1)/2$$
$$1^2 + 2^2 + \ldots + n^2 = n(n + 1)(2n + 1)/6,$$

welche zum Beispiel mit Hilfe der vollständigen Induktion bewiesen werden können.

- *Binomialverteilung* $B(n, p)$

Definitionsgemäss ist eine Zufallsvariable X vom Typ $B(n, p)$ die Summe von n unabhängigen bernoullischen Zufallsvariablen

$$X = X_1 + X_2 + \ldots + X_n,$$

wobei X_k vom Typ $B(1, p)$ ist. Die Berechnung von Erwartungswert und Varianz einer Summe von Zufallsvariablen wird in Paragraph 5.3.2 behandelt. Mit Hilfe der dort hergeleiteten Beziehungen erhält man

$$E(X) = n\,E(X_1) = np$$

und

$$Var(X) = n\,Var(X_1) = n\,p(1 - p).$$

Kapitel 3: Diskrete Zufallsvariable

- *Geometrische Verteilung*

Zur Berechnung der Ausdrücke

$$E(X) = \sum_{k=1}^{\infty} k(1-p)^{k-1}p$$

und

$$E(X^2) = \sum_{k=1}^{\infty} k^2(1-p)^{k-1}p$$

benötigt man die folgenden Gleichungen

$$\sum_{k=1}^{\infty} k\,a^{k-1} = 1/(1-a)^2$$

und

$$\sum_{k=1}^{\infty} k^2\,a^{k-1} = (1+a)/(1-a)^3$$

welche für $0 < a < 1$ gelten. Diese Formeln können folgendermassen hergeleitet werden:

- $\sum_{k=1}^{\infty} k\,a^{k-1} = \dfrac{d}{da} \sum_{k=0}^{\infty} a^k = \dfrac{d}{da}\left(\dfrac{1}{1-a}\right) = \dfrac{1}{(1-a)^2}$

- $\sum_{k=1}^{\infty} k^2 a^{k-1} = a \sum_{k=1}^{\infty} k(k-1)a^{k-2} + \sum_{k=1}^{\infty} k\,a^{k-1}$

$$= a\,\dfrac{d^2}{da^2} \sum_{k=0}^{\infty} a^k + \dfrac{1}{(1-a)^2} = \dfrac{1+a}{(1-a)^3}.$$

- *Poissonverteilung*

Es gilt

$$E(X) = \sum_{k=0}^{\infty} k\,\dfrac{\lambda^k e^{-\lambda}}{k!} = \lambda\,e^{-\lambda} \sum_{k=1}^{\infty} \dfrac{\lambda^{k-1}}{(k-1)!},$$

da der erste Term verschwindet. Somit folgt $E(X) = \lambda$. Für das Moment zweiter Ordnung erhält man

$$E(X^2) = \sum_{k=0}^{\infty} k^2\,\dfrac{\lambda^k e^{-\lambda}}{k!} = e^{-\lambda} \sum_{k=1}^{\infty} k\,\dfrac{\lambda^k}{(k-1)!}.$$

Indem man k durch (k - 1) + 1 ersetzt, folgt

$$E(X^2) = e^{-\lambda}\lambda^2 \sum_{k=2}^{\infty} \frac{\lambda^{k-2}}{(k-2)!} + e^{-\lambda}\lambda \sum_{k=1}^{\infty} \frac{\lambda^{k-1}}{(k-1)!} = \lambda^2 + \lambda,$$

woraus sich Var(x) ergibt.

3.5.3 Beispiel: Eintreffen von Kunden vor einem Schalter

Im Beispiel des Paragraphen 3.2.3 wurde die *empirische Verteilung* einer Zufallsvariablen X gegeben, deren Mittelwert und Varianz in 3.4.1 berechnet wurden. Versuchen wir nun, ein *theoretisches Wahrscheinlichkeitsmodell* für diese experimentellen Ergebnisse zu konstruieren. Aus den zur Verfügung stehenden Informationen kann man z. B. nicht schliessen, dass X eine binomische oder geometrische Zufallsvariable ist. Hingegen scheint eine geeignet gewählte Poissonverteilung sich ähnlich wie unsere empirische Verteilung zu verhalten. Die beste Approximation erhält man dabei, wenn man den poissonschen Parameter λ gleich dem empirischen Mittelwert wählt: $\lambda = 1{,}60$.

Anhand der folgenden Tabelle kann man die empirische Verteilung $\{\bar{p}_k\}$ mit der derart bestimmten theoretischen Näherung $\{p_k\}$ vergleichen:

x_k	0	1	2	3	$\geqslant 4$
$\bar{p}_k$	0,17	0,33	0,30	0,13	0,07
p_k	0,20	0,32	0,26	0,14	0,08

3.6 Aufgaben

3.6.1 Man wirft dreimal eine regelmässige Münze. X sei die Anzahl der aufeinanderfolgenden "Kopf" in den drei Würfen. Es gilt also z. B. X(KZK) = 1. Man berechne Verteilung, Erwartungswert und Varianz von X.

3.6.2 Ein regelmässiger Würfel wird solange geworfen, bis zum ersten Mal eine "6" fällt; sei X die Anzahl der hierzu benötigten Würfe.

a) Man bestimme die Wahrscheinlichkeitsverteilung von X.
b) Man berechne E(X) und Var(X).
c) Man vereinbare die folgenden Spielregeln: Ein Spieler gewinnt 1 Franken, falls X eine gerade Zahl ist; ist X ungerade, so gewinnt er sogar 2 Franken. Man berechne den durchschnittlichen Gewinn.

Hinweis: Man definiere eine Zufallsvariable Y = $\varphi(X)$, welche zwei Werte annimmt.

3.6.3 Bei der Massenproduktion eines bestimmten Artikels fällt im Mittel 10% Ausschuss an. Dieser Artikel wird in Zehner-Packungen verkauft und der Hersteller garantiert, dass jede Packung mindestens acht unbeschädigte Artikel enthält. Man berechne die Wahrscheinlichkeit, dass diese Garantie eingehalten wird.

3.6.4 Die Verteilung einer diskreten Zufallsvariablen ist wie folgt gegeben:

$$P(X = k) = a/k^2 \qquad \text{mit} \quad k = 1, 2, \dots .$$

a) Man bestimme a.
b) Was lässt sich über E(X) und Var(X) aussagen?

3.6.5 Ein Apparat S setzt sich aus 5 Elementen eines Typs A mit der Zuverlässigkeit 0,9 und 5 Elementen eines Typs B mit der Zuverlässigkeit 0,8 zusammen. Das Gerät funktioniert, wenn mindestens 9 seiner 10 Bauelemente funktionieren. Man gebe seine Zuverlässigkeit an.

3.6.6 Ein Käfer bewegt sich entlang der Kanten eines Tetraeders mit der Geschwindigkeit von 1 Kantenlänge pro Minute. Wenn er eine Ecke erreicht, so wählt er mit der gleichen Wahrscheinlichkeit eine der drei Kanten aus, um weiterzulaufen. Sei A sein Ausgangspunkt und X die nötige Zeit, bis er zum ersten Mal eine Ecke B (B ≠ A) erreicht. Man bestimme die Verteilung von X.

3.6.7 Eine Urne enthält zwei weisse und zwei schwarze Kugeln. Ein Spieler zieht eine Kugel nach der anderen, ohne sie zurückzulegen. Für jede gezogene weisse Kugel erhält er 1 Franken; für jede gezogene schwarze Kugel hingegen muss er 1 Franken bezahlen. Er kann die Ziehung zu jedem beliebigen Zeitpunkt beenden. Man bestimme eine gewinnbringende Strategie und berechne den Erwartungswert des Gewinnes X.

Hinweise:

- Man stelle alle möglichen Ergebnisse anhand eines Baumes dar.
- Eine schlechte Strategie besteht zum Beispiel darin, jeweils alle Kugeln zu ziehen, denn dann folgt E(X) = 0 !

3.6.8 Eine regelmässige Münze wird 2n-mal geworfen. Die Zufallsvariable X gebe an, wie oft dabei "Zahl" fällt.

a) Für n = 2 bestimme man die Wahrscheinlichkeit, dass man die gleiche Anzahl von "Kopf" wie von "Zahl" erhält.

b) Man löse dieses Problem für ein beliebiges n.

c) Man gebe einen Näherungswert für die Lösung von b) an, indem man die für grosses n gültige Stirling'sche Formel $n! \simeq \sqrt{2\pi n}\, n^n\, e^{-n}$ benutzt.

d) Man berechne das Ergebnis für n = 100.

3.6.9 Eine Zufallsvariable X nimmt mit der gleichen Wahrscheinlichkeit jeden der Werte 0, 1, 2, 3, 4 und 5 an.

a) Man berechne E(X) und Var(X).

b) Für $Y = 2X + 1$ berechne man E(Y) und Var(Y).
c) Man löse b) für $Z = X^2$.

3.6.10 Sei X eine diskrete Zufallsvariable mit Werten $k = 0, 1, 2, \ldots$ und $P(X \geq k+1 \,/\, X \geq k) = P(X \geq 1)$ für alle k.

a) Man erläutere diese Bedingung für den Fall, wo X die Lebensdauer eines technischen Gerätes ist.

b) Es sei bekannt, dass $P(X = 0) = p_0 = 1/3$ ist. Man berechne die Wahrscheinlichkeitsverteilung $\{p_k\}$ von X.
Hinweis: Man bestimme zuerst $p_k^* = P(X \geq k)$.

3.6.11 Man beweise den in Paragraph 3.3.6 angegebenen Ausdruck für die negative Binomialverteilung.

3.6.12 Man zeige, dass für die in Paragraph 3.3.6 definierte hypergeometrische Zufallsvariable X

$E(X) = nr/N$.

Hinweis: Setze $X = X_1 + \ldots + X_n$, wobei $X_k = 1$ bzw. 0, falls die k-te gezogene Kugel weiss bzw. schwarz ist.

KAPITEL 4:
Stetige Zufallsvariable

4.1 Verteilung einer stetigen Zufallsvariablen

4.1.1 Einführung

Bei der Definition von Zufallsvariablen in Abschnitt 3.1 haben wir zwischen diskreten und stetigen Zufallsvariablen unterschieden; mit letzteren werden wir uns im vorliegenden Kapitel befassen. Erinnern wir kurz daran, dass eine stetige Zufallsvariable eine reelle Funktion ist, welche auf einer Ereignismenge Ω definiert ist und deren Wertemenge $X(\Omega)$ aus einem endlichen oder unendlichen Intervall besteht.

Um den Begriff der Wahrscheinlichkeitsverteilung einer stetigen Zufallsvariablen zu erläutern, greifen wir noch einmal auf das Beispiel der *stetigen Gleichverteilung* aus Paragraph 1.4.3 zurück. In der Sprache der Zufallsvariablen kann dieses Modell folgendermassen zusammengefasst werden: Sei X eine Zufallsvariable, welche alle Werte des endlichen Intervalls [a, b] annehmen kann. Dabei werde kein Teilbereich von [a, b] bevorzugt. Wir gehen also davon aus, dass die Wahrscheinlichkeit, mit der X in ein Teilintervall [u, v] von [a, b] fällt, der Länge dieses Teilintervalls proportional ist:

$$P(u < X < v) = (v - u)/(b - a).$$

Diese Wahrscheinlichkeit lässt sich auch in Form eines Integrals ausdrücken:

$$P(u < X < v) = \int_{v}^{u} f(x)\,dx$$

mit

$$f(x) = \begin{cases} 1/(b-a) & \text{falls } a < x < b \\ 0 & \text{sonst.} \end{cases}$$

Die Funktion f(x) bestimmt also das stochastische Verhalten der Zufallsvariablen X, d. h. ihre Wahrscheinlichkeitsverteilung. Im vorliegenden Beispiel sagt man, dass X im Intervall [a, b] gleichverteilt ist.

4.1.2 Wahrscheinlichkeitsdichte

Ausgehend vom obigen Spezialfall betrachten wir nun stetige Zufallsvariable X, für welche die Wahrscheinlichkeit, dass X einem vorgebenen Intervall [u, v] angehört, durch ein bestimmtes Integral dargestellt werden kann:

$$P(u < X < v) = \int_{v}^{u} f(x)\,dx.$$

Dabei kann auch u = -∞ oder v = +∞ sein. Der Integrand f(x) heisst *Wahrscheinlichkeitsdichte* oder kurz *Dichte* der stetigen Zufallsvariablen X; er bestimmt die Art der *Wahrscheinlichkeitsverteilung* von X. Insbesondere ist es also im Fall stetiger Zufallsvariablen nicht mehr sinnvoll, Ereignisse des Typs "X = x" zu betrachten, da deren Wahrscheinlichkeit immer Null ist.

Damit eine Funktion f(x) eine Wahrscheinlichkeitsdichte ist, muss sie die folgenden zwei Bedingungen erfüllen:

- $f(x) \geq 0$ für alle reellen x

- $\int_{-\infty}^{+\infty} f(x)\, dx = 1.$

In der Praxis beschränkt man sich dabei auf stückweise stetige Funktionen.

Bei der zweiten Bedingung handelt es sich um nichts anderes als Axiom (2), wonach die Wahrscheinlichkeit des sicheren Ereignisses gleich eins sein muss. Es lässt sich leicht nachweisen, dass das so definierte Wahrscheinlichkeitsmass die anderen Axiome des Paragraphen 1.3.1 ebenfalls erfüllt.

Es ist zu beachten, dass die Werte von f(x) nicht als Wahrscheinlichkeiten von Ereignissen angesehen werden können; so kann z. B. eine Wahrscheinlichkeitsdichte durchaus Werte annehmen, die grösser als eins sind.

Beispiel (Länge eines Teils): Die Länge eines serienmässig gefertigten Teils sei eine Zufallsgrösse mit der Dichte

$$f(x) = \begin{cases} x/3 & \text{für } 0 \leq x \leq 2 \\ 2 - 2x/3 & \text{für } 2 \leq x \leq 3 \\ 0 & \text{sonst.} \end{cases}$$

- Man zeige, dass f(x) eine Wahrscheinlichkeitsdichte ist und gebe ihren Graphen an.

- Man berechne $P(1 \leq X \leq 2{,}5)$ und $P(1 \leq X \leq 2{,}5 \mid X \leq 2)$.

Der Graph von f(x) ist in Figur 4.1 dargestellt.

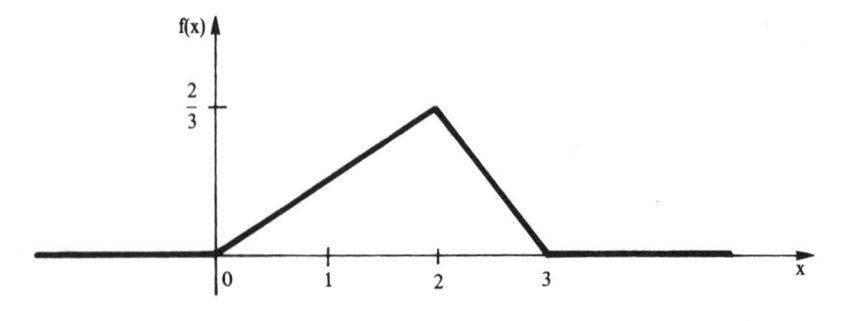

Fig. 4.1

Es folgt direkt, dass $f(x) \geq 0$ und $\int_{-\infty}^{\infty} f(x)\,dx = \int_{0}^{3} f(x)\,dx = 1$ ist. Weiter gilt:

$$P(1 \leq X \leq 2{,}5) = \int_{1}^{2{,}5} f(x)\,dx = 3/4 \quad \text{et} \quad \text{und}$$

$$P(1 \leq X \leq 2{,}5 | X \leq 2) = \left(\int_{1}^{2} f(x)\,dx\right) \Big/ \left(\int_{0}^{2} f(x)\,dx\right) = 3/4. \quad \blacksquare$$

Beispiel (Lebensdauer eines Geräts): Die Lebensdauer X eines bestimmten Typs von Geräten ist nach der Dichte

$$f(x) = \begin{cases} a/x^3 & \text{für } x \geq 100\,\text{h} \\ 0 & \text{sonst} \end{cases}$$

verteilt. Man bestimme die Konstante a. Falls eine Maschine 3 dieser Geräte verwendet, wie gross ist dann die Wahrscheinlichkeit P(A), dass nach 200 h noch wenigstens 2 davon funktionieren?

Ausgehend von $\int_{100}^{\infty} (a/x^3)\,dx = 1$ erhält man $a = 2 \cdot 10^4$. Ferner ist die Wahrscheinlichkeit, dass ein Gerät nach 200 h noch funktioniert

$$P(X \geq 200) = \int_{200}^{\infty} (a/x^3)\,dx = 1/4.$$

Somit wird

$$P(A) = (1/4)^3 + 3(1/4)^2(3/4) = 5/32. \quad \blacksquare$$

Strenggenommen müssten die oben eingeführten Zufallsvariablen als "absolut stetig" und nicht als "stetig" bezeichnet werden. Es existiert nämlich eine Klasse von Zufallsvariablen, deren Wertemenge ebenfalls überabzählbar unendlich ist, für welche aber keine den obigen Bedingungen genügende Wahrscheinlichkeitsdichten definiert werden können. Die Mathematiker sprechen dann von "singulären" Verteilungen.

4.1.3 Verteilungsfunktion

Im Falle stetiger Zufallsvariablen kann es sich als nützlich erweisen, eine Zufallsvariable X nicht mittels ihrer Wahrscheinlichkeitsdichte f(x), sondern durch ihre *Verteilungsfunktion* F(x) zu charakterisieren:

$$F(X) = P(X \leq x) = \int_{-\infty}^{x} f(u)\,du \quad (-\infty < x < \infty).$$

F(x) ist eine stetige, monoton wachsende Funktion mit $F(-\infty) = 0$ und $F(+\infty) = 1$. Weiter ist F(x) "fast überall" differenzierbar (d.h. mit Ausnahme einer Punktmenge, deren Wahrscheinlichkeit Null beträgt), und es gilt

$$F'(x) = f(x)$$

für alle Punkte, in denen f(x) stetig ist.

Die Verteilungsfunktion einer Zufallsvariablen gestattet uns, Wahrscheinlichkeiten der Form P(a < X < b) ohne Berechnung von Integralen anzugeben; es gilt nämlich

$$P(a < X < b) = F(b) - F(a).$$

Zu dieser Beziehung sei noch bemerkt, dass für stetige Zufallsvariable die beiden Ereignisse "a < X < b" und "a < X < b" die gleiche Wahrscheinlichkeit besitzen. Die obige Formel ist insbesondere dann von Interesse, wenn die Verteilungsfunktion F(x), wie im Falle der Normalverteilung (s. § 4.3.5), in tabellierter Form vorliegt.

Beispiel: Für das erste Beispiel des vorangegangenen Paragraphen erhält man die folgende Verteilungsfunktion:

$$F(x) = \begin{cases} x^2/6 & \text{für } 0 < x < 2 \\ 2x - x^2/3 - 2 & \text{für } 2 < x < 3 \\ 1 & \text{für } x > 3 \\ 0 & \text{für } x < 0. \end{cases}$$

Damit wird P(1 < X < 2,5) = F(2,5) - F(1) = 3/4. Der Graph von F(x) ist in Figur 4.2 dargestellt. ∎

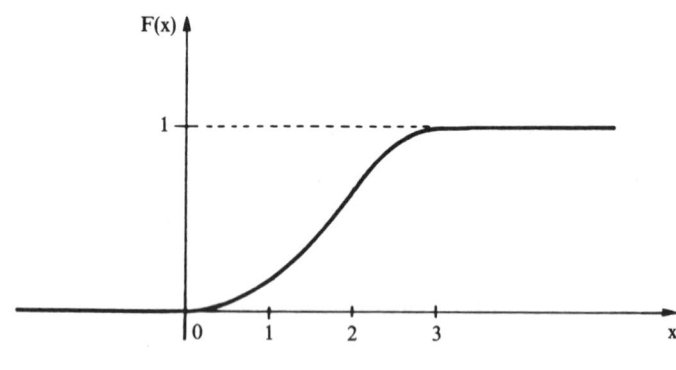

Fig. 4.2

Verteilungsfunktionen erweisen sich ebenfalls als nützliches Hilfsmittel, wenn wir die Verteilung einer Zufallsgrösse Y bestimmen wollen, welche als Funktion einer bekannten Zufallsvariablen X gegeben ist: Y = φ(X). Dieses Problem wird im folgenden Abschnitt gelöst.

Erwähnen wir noch, dass die Verteilungsfunktion auch im Falle einer diskreten Zufallsvariablen definiert ist:

$$F(X) = P(X < x) = \sum_{x_k \leq x} p_k.$$

F(x) ist hierbei eine monoton wachsende, rechtsseitig stetige Treppenfunktion, die an den Stellen x_k (k = 1, 2, ...) Sprünge der Höhe p_k aufweist. Für die Binomialverteilung befindet sich im Anhang eine Tabelle der Verteilungsfunktion F(x); damit lassen sich Wahrscheinlichkeiten der Form P(a < X < b) berechnen, ohne langwierige Additionen durchführen zu müssen.

4.1.4 Mischverteilungen

Mit Hilfe des Begriffs der Verteilungsfunktion kann man *Mischverteilungen* definieren, welche sich aus einem diskreten und einem stetigen Anteil zusammensetzen. Die Verteilungsfunktion einer solchen gemischt verteilten Zufallsvariablen lässt sich dann in der Form

$$F(x) = a F_1(x) + (1 - a) F_2(x)$$

angeben, wobei F_1 und F_2 diskret bzw. stetig sind und 0 < a < 1 gilt.

Solche gemischtverteilten Zufallsvariablen treten in den Anwendungen selten auf. Das folgende Beispiel stammt aus der Theorie der Wartesysteme.

Beispiel (Wartezeit vor einem Schalter): Betrachten wir den einzigen Schalter eines Postamtes. X sei die Zufallsvariable, welche die Wartezeit eines Kunden (in Minuten) beschreibt. Aufgrund von Beobachtungen stellt man fest, dass

$$P(X = 0) = 0{,}5 ,$$
$$P(0 < X < x) = 0{,}1 \cdot x \quad \text{für } 0 < x < 5$$

und

$$P(X > 5) = 0.$$

Bei dieser Mischverteilung ist die eine Hälfte im Nullpunkt konzentriert, die andere im Intervall [0, 5] gleichverteilt. Die entsprechende Verteilungsfunktion lautet:

$$F(x) = \begin{cases} 0 & \text{für } x < 0 \\ 0{,}1(5 + x) & \text{für } 0 < x < 5 \\ 1 & \text{für } x > 5 \end{cases}.$$

∎

4.1.5 Bemerkung

Zu Beginn von Kapitel 3 wurden Zufallsvariable eingeführt als reelle Funktionen, welche auf einem Wahrscheinlichkeitsraum (Ω, P) definiert sind. Demgegenüber haben wir bisher im Kapitel 4 von stetigen Zufallsvariablen und deren Wahrscheinlichkeitsverteilungen gesprochen, ohne uns auf einen zugrundeliegenden Wahrscheinlichkeitsraum zu beziehen. Mit Hilfe des Begriffs der Verteilungsfunktion kann jedoch der Zusammenhang zwischen diesen beiden Vorgehensweisen leicht hergestellt werden.

Betrachten wir dazu eine stetige Zufallsvariable X, welche auf einem Wahrscheinlichkeitsraum (Ω, P) definiert ist. Ihre Verteilungsfunktion berechnet sich dann mittels des gegebenen Wahrscheinlichkeitsmasses P durch

$$F(x) = P(X \leq x) = P(\omega; X(\omega) \leq x) \quad (-\infty < x < +\infty),$$

und für die zugehörige Wahrscheinlichkeitsdichte erhält man

$$f(x) = F'(x).$$

Diese Möglichkeit, die Dichte $f(x)$ aufgrund eines vorgegebenen Wahrscheinlichkeitsmasses zu bestimmen, hat jedoch vorwiegend theoretische Bedeutung. Bei einem Grossteil der praktischen Beispiele wird das Verhalten von X direkt durch die Dichte $f(x)$ definiert, d. h. durch Vorgabe einer reellen Funktion, welche die zwei Bedingungen aus Paragraph 4.1.2 erfüllt.

Dies ist deshalb möglich, weil wir zu jeder derartigen Funktion $f(x)$ einen Wahrscheinlichkeitsraum (Ω, P) und eine Zufallsvariable X konstruieren können, sodass $f(x)$ die Dichte von X darstellt. Dazu setzen wir z. B. $\Omega = \{x \in \mathbb{R} ; f(x) > 0\}$, betrachten die identische Abbildung X von Ω auf sich selbst und definieren

$$P(u, v) = \int_v^u f(x)\, dx.$$

4.2 Funktionen einer stetigen Zufallsvariablen

Im Falle von diskreten Zufallsvariablen X bot die Berechnung der Verteilung von $Y = \varphi(X)$ anhand der Verteilung von X keine nennenswerten Schwierigkeiten (s. § 3.4.3). Das trifft für stetige Zufallsvariable nicht mehr zu.

Betrachten wir dazu eine stetige Zufallsvariable X und eine reelle Funktion φ, für welche $Y = \varphi(X)$ wiederum eine stetige Zufallsvariable ist (dies ist zum Beispiel nicht der Fall, falls φ nur abzählbar viele verschiedene Werte annimmt). Wir versuchen, die Wahrscheinlichkeitsdichte $g(y)$ von Y mit Hilfe der Dichte $f(x)$ von X zu berechnen.

Seien dazu $F(x)$ und $G(y)$ die Verteilungsfunktionen der Zufallsvariablen X und Y. Dann gilt

$$G(y) = P(Y \leq y) = P(\varphi(X) \leq y).$$

Für die Mehrzahl der in den Anwendungen auftretenden Funktionen φ lässt sich das Ereignis "$\varphi(X) \leq y$" durch "$X \in I_y$" ausdrücken, wobei $I_y = \{x ; \varphi(x) \leq y\}$ entweder ein Intervall oder eine Vereinigung von disjunkten Intervallen ist. Damit kann man durch Integration oder aber mit Hilfe der Verteilungsfunktion von X den Ausdruck

$$G(y) = P(X \in I_y)$$

berechnen; die unbekannte Dichte ist dann durch $g(y) = G'(y)$ bestimmt.

Beispiel: Sei X eine im Intervall [-1, 1] gleichverteilte Zufallsvariable; man gebe die Wahrscheinlichkeitsdichte der Zufallsvariablen $Y = X^2$ an.

Ausgehend von

$$G(y) = P(X^2 \leq y) = P(-\sqrt{y} \leq X \leq \sqrt{y}) = F(\sqrt{y}) - F(-\sqrt{y})$$

erhält man

$$g(y) = \frac{1}{2\sqrt{y}} (f(\sqrt{y}) + f(-\sqrt{y})).$$

Da

$$f(x) = \begin{cases} 1/2 & \text{für } -1 < x < 1 \\ 0 & \text{sonst,} \end{cases}$$

folgt, dass

$$f(\sqrt{y}) + f(-\sqrt{y}) = \begin{cases} 1 & \text{für } 0 < y < 1 \\ 0 & \text{sonst.} \end{cases}$$

Dies liefert

$$g(y) = \begin{cases} 1/(2\sqrt{y}) & \text{für } 0 < y < 1 \\ 0 & \text{sonst.} \end{cases}$$

Zur Kontrolle können wir überprüfen, dass

$$\int_0^1 g(y)\, dy = 1.$$

4.3 Wichtige stetige Verteilungen

4.3.1 Einführung

Wie schon in Abschnitt 4.1 erwähnt, kann jede reelle Funktion $f(x)$, welche die Bedingungen

- $f(x) \geq 0$ für alle reellen x

- $\int_{-\infty}^{+\infty} f(x)\, dx = 1$

erfüllt, als Wahrscheinlichkeitsdichte einer stetigen Zufallsvariablen aufgefasst werden. Ähnlich wie im diskreten Fall lassen sich jedoch auch hier die meisten in der Praxis angetroffenen Zufallsphänomene mit Hilfe einiger weniger *theoretischer Wahrscheinlichkeitsmodelle* beschreiben. Die zugehörigen Wahrscheinlichkeitsdichten sind einfache algebraische oder exponentielle Funktionen, welche von einem oder zwei Parametern abhängen. Wir werden sie im vorliegenden Abschnitt vorstellen.

Was die Frage anbelangt, wie man die theoretische Verteilung findet, welche eine vorliegende Zufallsvariable am besten beschreibt, so werden wir in den Kapiteln 7 und 8 darauf eingehen können.

4.3.2 Stetige Gleichverteilung

Diese einfachste stetige Verteilung ist uns schon in den Paragraphen 1.4.2 und 4.1.1 begegnet. Wir beschränken uns somit darauf, festzuhalten, dass eine im Intervall [a, b] gleichverteilte Zufallsvariable X durch ihre Dichte

$$f(x) = \begin{cases} 0 & \text{für } x < a \\ 1/(b-a) & \text{für } a \leqslant x \leqslant b \\ 0 & \text{für } x > b \end{cases}$$

oder ihre Verteilungsfunktion

$$F(x) = \begin{cases} 0 & \text{für } x < a \\ (x-a)/(b-a) & \text{für } a \leqslant x \leqslant b \\ 1 & \text{für } x \geqslant b \end{cases}$$

festgelegt werden kann.

4.3.3 Exponentialverteilung

Eine nicht-negative Zufallsvariable X heisst *exponentialverteilt*, falls ihre Dichte in der Form

$$f(x) = \begin{cases} \lambda e^{-\lambda x} & \text{falls } x \geqslant 0 \\ 0 & \text{sonst.} \end{cases}$$

vorliegt; λ ist dabei ein positiver Parameter. Die entsprechende Verteilungsfunktion lautet dann

$$F(x) = \begin{cases} 1 - e^{-\lambda x} & \text{falls } x \geqslant 0 \\ 0 & \text{sonst.} \end{cases}$$

Neben der Normalverteilung ist die Exponentialverteilung dasjenige Verteilungsmodell, auf welches der Ingenieur in seiner Arbeit am häufigsten zurückgreift. Sie dient z. B. der Beschreibung folgender Zufallsvariablen:

- Lebensdauer eines technischen Gerätes
- Zeitspanne zwischen dem Eintreffen zweier Kunden vor einem Schalter
- Arbeitszeit für die Behebung einer Panne.

Die Exponentialverteilung besitzt eine Anzahl bemerkenswerter Eigenschaften, auf welche wir in den Paragraphen 4.6.2, 5.4.1 und 5.4.3 eingehen werden.

4.3.4 Standardnormalverteilung

Die Normalverteilung oder Gauss-Verteilung nimmt in der Wahrscheinlichkeitstheorie und Statistik eine bevorzugte Stellung ein. Dies hat mehrere Gründe. Viele Zufallsvariable, die sich bei Experimenten und Beobachtungen ergeben, sind näherungsweise normalverteilt; erwähnen wir beispielsweise

- Schwankungen der Länge bei serienmässig gefertigten Teilen,
- zufällig auftretende Messfehler
- Verteilung der Körpergrösse von zufällig ausgewählten Personen einer Bevölkerung.

Ferner können Summen von Zufallsvariablen unter gewissen Voraussetzungen (s. Abschnitt 6.1) als normalverteilt angesehen werden. Schliesslich verwenden statistische Methoden oftmals Zufallsgrössen, deren Verteilungen entweder normal sind oder durch Normalverteilungen angenähert werden können.

Betrachten wir zunächst den Spezialfall der Normalverteilung, welche *Standardnormalverteilung* genannt und mit N(0, 1) bezeichnet wird. Ihre Wahrscheinlichkeitsdichte ist wie folgt definiert:

$$f(x) = \frac{1}{\sqrt{2\pi}} \exp[-x^2/2] \quad (-\infty < x < \infty).$$

Der Graph der Funktion f(x) hat die bekannte Form einer Glockenkurve, welche symmetrisch bezüglich der vertikalen Achse ist und deren Wendepunkte die Abszissen ±1 haben. Um nachzuweisen, dass f(x) tatsächlich eine Wahrscheinlichkeitsdichte ist, benötigen wir die Beziehung

$$\int_0^\infty e^{-ax} \, dx = \frac{\sqrt{\pi/a}}{2},$$

die in Aufgabe 4.7.4 bewiesen wird.

Die Verteilungsfunktion der Standardnormalverteilung wird üblicherweise mit

$$\Phi(x) = \int_{-\infty}^{x} f(u) \, du$$

bezeichnet; sie liegt nicht in geschlossener Form vor. Im Anhang findet man eine Tabelle mit Werten der Hilfsfunktion

$$A(x) = \int_0^x f(u) \, du = \Phi(x) - 1/2 \qquad \text{falls } x \geq 0.$$

4.3.5 Normalverteilung

Seien μ und σ ($\sigma > 0$) zwei reelle Zahlen. Eine Zufallsvariable Y heisst nach $N(\mu, \sigma^2)$ *normalverteilt*, falls es eine standardnormalverteilte Zufallsvariable X gibt derart, dass

$$Y = \sigma X + \mu.$$

Für die zugehörige Verteilungsfunktion G(y) erhalten wir nach Abschnitt 4.2

$$G(y) = P(Y < y) = P(\sigma X + \mu < y) = P(X < (y-\mu)/\sigma) = \int_{-\infty}^{(y-\mu)/\sigma} f(x)\,dx,$$

wobei f(x) eine Dichte des Typs N(0, 1) ist. Leitet man nun das bestimmte Integral nach y ab, so finden wir für die Dichte

$$g(y) = G'(y) = f((y-\mu)/\sigma)/\sigma = \frac{1}{\sigma\sqrt{2\pi}}\exp[-(x-\mu)^2/2\sigma^2].$$

Natürlich hätten wir auch von dieser Dichtefunktion ausgehen können, um die Normalverteilung des allgemeinen Typs $N(\mu, \sigma^2)$ zu definieren. Wir werden in Paragraph 4.4.2 nachweisen, dass die darin auftretenden Parameter μ und σ^2 nichts anderes sind als Erwartungswert und Varianz der zugehörigen Zufallsvariablen.

Der Graph von g(y) hat ebenfalls Glockenform und ist symmetrisch bezüglich μ, seine Wendepunkte besitzen die Abszissen $\mu \pm \sigma$. Es sei darauf hingewiesen, dass die Normalverteilung häufig auch zur Beschreibung physikalischer Grössen X herangezogen wird, welche nur positive Werte annehmen können. Natürlich müssen in diesem Fall die Parameter so gewählt werden, dass P(X < 0) vernachlässigbar klein wird.

Für die praktische Berechnung von normalverteilten Wahrscheinlichkeiten verweisen wir auf Abschnitt 4.5.

4.3.6 Weitere stetige Verteilungen

Folgende Wahrscheinlichkeitsverteilungen treten seltener auf:

- *Cauchyverteilung*

Ihre Dichte ist definiert durch

$$f(x) = \frac{a}{\pi(x^2 + a^2)} \quad (-\infty < x < \infty)$$

wobei a ein positiver Parameter ist. Obwohl die Cauchydichte einen ähnlichen Verlauf aufweist wie die Dichte der Normalverteilung, so besitzt die Cauchyverteilung weder die gleichen Eigenschaften noch die gleiche Bedeutung wie die Normalverteilung.

- *Rayleighverteilung*

Sie ist durch

$$f(x) = \begin{cases} ax\exp[-ax^2/2] & (x > 0) \\ 0 & (x < 0) \end{cases}$$

definiert und wird vor allem in der Kommunikations- und in der Zuverlässigkeitstheorie benutzt.

• *Verteilungen, die aus der Normalverteilung hervorgehen*

Weitere stetige Verteilungen, welche vorwiegend in der Statistik verwendet werden und die in enger Beziehung zur Normalverteilung stehen, werden wir in Kapitel 8 kennenlernen; es handelt sich dabei um die Gamma-, die χ^2- und die Student-Verteilung.

4.4 Erwartungswert und Varianz

4.4.1 Definition und Eigenschaften

Die im Abschnitt 3.4 für diskrete Zufallsvariable eingeführten Definitionen und Ergebnisse lassen sich direkt auf den Fall der stetigen Zufallsvariablen übertragen.

Sei also X eine stetige Zufallsvariable und sei f(x) ihre Wahrscheinlichkeitsdichte. Dann heisst

$$E(X) = \mu = \int_{-\infty}^{+\infty} x\, f(x)\, dx$$

Erwartungswert von X und

$$Var(X) = \sigma^2 = \int_{-\infty}^{+\infty} (x-\mu)^2 f(x)\, dx$$

Varianz von X. Wie im diskreten Fall wird häufig auch die Formel

$$Var(X) = \int_{-\infty}^{+\infty} x^2 f(x)\, dx - \mu^2$$

für die Berechnung einer Varianz benutzt. Am Beispiel der Cauchyverteilung (§ 4.3.6) ist ersichtlich, dass es Zufallsvariable gibt, für die weder Erwartungswert noch Varianz definiert sind.

Beispiel: Für die im ersten Beispiel des Paragraphen 4.1.2 eingeführte Zufallsvariable X rechnet man leicht nach, dass $E(X) = 5/3$, $E(X^2) = 19/6$ und damit $Var(X) = 7/18$. ∎

Beispiel: Für das zweite Beispiel des Paragraphen 4.1.2 erhält man $E(X) = 200$, wogegen $Var(X)$ nicht existiert. ∎

Natürlich gelten für E(X) und Var(X) die gleichen *Eigenschaften* wie im diskreten Fall:

$$E(aX + b) = aE(X) + b$$
$$Var(aX + b) = a^2 Var(X).$$

Ebenso kann man zeigen, dass Erwartungswert und Varianz von Y = φ(X) auch bei noch unbekannter Verteilung von Y berechnet werden können, und zwar durch

$$E(Y) = \int_{-\infty}^{+\infty} \varphi(x) f(x) \, dx \quad \text{und} \quad Var(Y) = \int_{-\infty}^{+\infty} \varphi^2(x) f(x) \, dx - [E(Y)]^2.$$

Beispiel: Kehren wir zum Beispiel des Abschnitts 4.2 zurück und berechnen wir E(Y) auf zwei verschiedene Arten:

- $E(Y) = \int_0^1 y\, g(y)\, dy = \int_0^1 y^{1/2}\, dy = 1/3$

- $E(X^2) = \int_{-1}^{+1} x^2 f(x)\, dx = \int_0^1 x^2\, dx = 1/3.$

Zur Berechnung von Var(Y) verweisen wir auf Aufgabe 4.7.13. ■

4.4.2 Erwartungswert und Varianz der wichtigsten stetigen Verteilungen

Für die in Abschnitt 4.3 vorgestellten wichtigsten stetigen Verteilungen lassen sich Erwartungswert und Varianz in Abhängigkeit der entsprechenden Parameter wie folgt angeben:

Verteilung	μ	σ^2
Gleichverteilung	$(a+b)/2$	$(b-a)^2/12$
Exponentialverteilung	$1/\lambda$	$1/\lambda^2$
Normalverteilung	μ	σ^2

Der Beweis der Ergebnisse für die ersten zwei Verteilungen bietet keinerlei Schwierigkeiten, wobei wir für die Exponentialverteilung partielle Integration verwenden.

Bei der Normalverteilung betrachten wir zunächst den Spezialfall einer standardnormalverteilten Zufallsvariablen X mit der Dichte

$$f(x) = \frac{1}{\sqrt{2\pi}} \exp[-x^2/2].$$

Durch elementare Integrationen zeigt man, dass E(X) = 0 und Var(X) = 1 ist.

Sei nun Y eine nach $N(\mu, \sigma^2)$ verteilte Zufallsvariable. Dann gibt es eine nach N(0, 1) normalverteilte Zufallsvariable X mit Y = σX + μ, woraus E(Y) = μ und Var(Y) = σ^2 folgt.

4.5 Gebrauch der Tabelle der Normalverteilung

4.5.1 Standardnormalverteilung

Kennt man die Verteilungsfunktion der Standardnormalverteilung $\Phi(x)$ (s. a. § 4.3.4), so kann man Wahrscheinlichkeiten der Form

$$P(a < X < B) = \Phi(b) - \Phi(a)$$

für ein beliebiges Intervall [a, b] berechnen. Da die Dichte des Typs N(0, 1) symmetrisch zur Ordinatenachse ist, genügt es, über die Hilfsfunktion

$$A(x) = \int_0^x f(u)\,du \quad (x > 0)$$

zu verfügen, welche die durch die Kurve y = f(x) begrenzte Fläche zwischen Ursprung und positiver Abszisse x darstellt. Eine Tabelle dieser Werte findet man im Anhang. Man erhält so zum Beispiel:

$$\begin{aligned} P(-1 < X < 2{,}5) &= P(-1 < X < 0) + P(0 < X < 2{,}5) \\ &= A(1) \quad + \quad A(2{,}5) \\ &= 0{,}3413 + \quad 0{,}4938 \quad = 0{,}8351. \end{aligned}$$

4.5.2 Normalverteilung

Obwohl die allgemeine Normalverteilung von 2 Parametern abhängt, so lassen sich alle damit zusammenhängenden Berechnungen durch lineare Transformation auf den soeben erörterten Fall einer Standardnormalverteilung zurückführen. Ist nämlich X nach $N(\mu, \sigma^2)$ normalverteilt, so gehorcht die zugehörige normierte Zufallsvariable $X^* = (X - \mu)/\sigma$ einer Standardnormalverteilung. Deshalb wird

$$P(a \leq X \leq b) = P\left(\frac{a-\mu}{\sigma} \leq X^* \leq \frac{b-\mu}{\sigma}\right).$$

Alle durch eine $N(\mu, \sigma^2)$-Verteilung definierten Wahrscheinlichkeiten können also stets mit Hilfe der Funktion A(x) berechnen berechnet werden.

Beispiel: Sei X nach N(5, 4) normalverteilt. Man bestimme die Wahrscheinlichkeit P(3 < X < 8).

Man erhält

$$P\left(\frac{3-5}{2} \leq X^* \leq \frac{8-5}{2}\right) = P(-1 < X^* < 0) + P(0 < X^* < 1{,}5)$$

$$= A(1) + A(1{,}5) = 0{,}7745. \quad \blacksquare$$

Um Wahrscheinlichkeiten für normalverteilte Zufallsvariable zu berechnen, benötigt man also nicht für jedes Parameterpaar (μ, σ^2) eine spezielle Tabelle; die Kenntnis der N(0, 1) - Verteilungsfunktion genügt dazu völlig.

4.5.3 Bezüglich μ symmetrische Intervalle

Sei X wieder eine nach $N(\mu, \sigma^2)$ verteilte Zufallsvariable. Im Zusammenhang mit den später behandelten Schätzproblemen benötigt man häufig die Wahrscheinlichkeit, dass X in einem bezüglich μ symmetrischen Intervall enthalten ist, dessen Länge ein bestimmtes Vielfaches der Standardabweichung σ beträgt. Man findet dafür

$$P(|X - \mu| < c\sigma) = P(\mu - c\sigma < X < \mu + c\sigma)$$
$$= P(-c < X^* < c) = 2 A(c),$$

wobei c eine positive Konstante ist. Die Tabelle 4.3 enthält häufig benutzte Werte für c und 2 A(c).

Tabelle 4.3

c	2 A(c)
1	0,6826
1,960	0,9500
2	0,9544
2,576	0,9900
3	0,9974
3,291	0,9990

4.6 Anwendungen auf Zuverlässigkeitsprobleme

4.6.1 Zeitabhängige Zuverlässigkeit eines Gerätes

In Abschnitt 2.5 wurde der Begriff der Zuverlässigkeit eines technischen Gerätes (System, Komponente) während einer festen Zeitspanne definiert. Im folgenden möchten wir den zeitabhängigen Verlauf der Zuverlässigkeit eines Elements untersuchen. Dazu benötigen wir die folgenden Begriffe:

- Die *Lebensdauer* einer Komponente A, d. h. die Zeit während der sie funktioniert, kann als eine stetige, nicht-negative Zufallsvariable aufgefasst werden. Nimmt man an, A werde zum Zeitpunkt t = 0 in Betrieb genommen, so bezeichnet T auch den *Zeitpunkt des Ausfalls*.

- Die Wahrscheinlichkeitsdichte von T bezeichnen wir als *Ausfalldichte* f(t).

- Die *Zuverlässigkeitsfunktion* oder kurz *Zuverlässigkeit* R(t) der Komponente A ist dann die Wahrscheinlichkeit, dass A im Intervall [0, t] nicht ausfällt; mit anderen Worten:

  R(t) = P(T > t) = P(A funktioniert zum Zeitpunkt t).

Damit folgt direkt, dass

$$1 - R(t) = P(T \leq t) = F(t)$$
$$= P(A \text{ ist zum Zeitpunkt t bereits ausgefallen}),$$

wobei F(t) die Verteilungsfunktion von T ist.

- Die *Ausfallrate* $\lambda(t)$ einer Komponente ist wie folgt definiert:
  Sei $\lambda(t)$ dt die bedingte Wahrscheinlichkeit, dass die Komponente im Zeitraum von t bis t + dt ausfällt, unter der Bedingung, dass sie zum Zeitpunkt t noch funktioniert hat:

$$\lambda(t) \, dt = P(t < T < t + dt \mid T > t).$$

Daraus folgt, dass

$$\lambda(t) = f(t)/(1 - F(t)) = -R'(t)/R(t).$$

Bei vielen praktischen Problemen kann der Verlauf der Ausfallrate durch eine Kurve beschrieben werden, welche die Form einer "Wanne" aufweist (s. Figur 4.4).

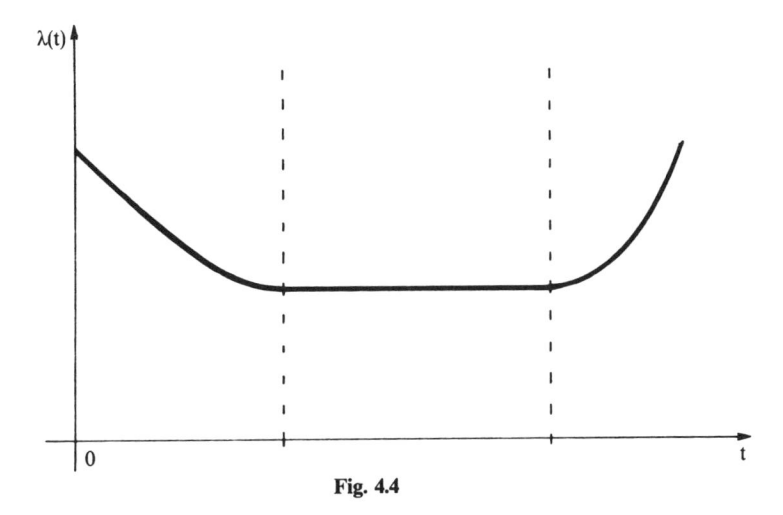

Fig. 4.4

- Die *mittlere Lebensdauer* τ, die auch als MTTF, "mean time to failure", bezeichnet wird, ist definiert durch

$$\tau = E(t) = \int_0^\infty t \, f(t) \, dt$$

und kann auch durch die folgende Beziehung ausgedrückt werden:

$$\tau = \int_0^\infty R(t) \, dt$$

(s. Aufgabe 4.7.7). Auf die Berechnung der Zuverlässigkeit verschiedener Systeme werden wir im Abschnitt 5.4 zu sprechen kommen.

4.6.2 Exponentialverteilte Lebensdauer

In der Praxis geht man oft davon aus, eine Lebensdauer T sei exponentialverteilt; für eine Vielzahl von elektronischen Komponenten hat sich diese Annahme bewährt. Man setzt also

$$f(t) = \lambda e^{-\lambda t} \qquad (t > 0)$$
$$R(t) = 1 - F(t) = e^{-\lambda t} \qquad (t > 0)$$

und

$$\tau = 1/\lambda.$$

Wie schon in Paragraph 4.3.3 erwähnt, zeichnet sich die Exponentialverteilung durch mehrere interessante *Eigenschaften* aus, von denen wir hier zwei erwähnen.

- Eine exponentialverteilte Lebensdauer T besitzt eine konstante Ausfallrate :

$$f(t) = \lambda e^{-\lambda t} \iff \lambda(t) = \lambda.$$

- Ein Gerät mit exponentialverteilter Lebensdauer "altert nicht" oder "hat kein Gedächtnis", d. h.:

$$P(T > t + u \mid T > u) = P(T > t),$$

mit t > 0 und u > 0. Die Wahrscheinlichkeit, dass das Gerät im Intervall (u, u + t] funktioniert, hängt also nur von der Länge t des Intervalls und nicht von dessen Lage auf der Zeitachse ab. Die Exponentialverteilung ist die einzige stetige Verteilung, die diese Eigenschaft besitzt.

4.7 Aufgaben

4.7.1 Gegeben sei die Dichte f(x) einer Zufallsvariablen X:

$$f(x) = \begin{cases} ax & (0 \leq x \leq 1) \\ a & (1 \leq x \leq 3) \\ -ax + 4a & (3 \leq x \leq 4) \\ 0 & \text{sonst.} \end{cases}$$

a) Man gebe den Graph von f(x) an und berechne die Konstante a.
b) Man berechne $P(|X - 1{,}5| \leq 1)$ sowie $P(X \geq 3 \mid X \geq 2)$.
c) Man bestimme E(X) und Var(X).

4.7.2 Sei X eine Zufallsvariable mit der Dichte

$$f(x) = \begin{cases} a(x+1)^{-4} & (x \geq 0) \\ 0 & \text{sonst.} \end{cases}$$

a) Man berechne die Konstante a und gebe den Graph von f(x) an.

b) Man bestimme F(x) und stelle die Funktion graphisch dar.
c) Man berechne E(X).
d) Man berechne ein x_0, für welches $P(X < x_0) = P(X > x_0)$, und vergleiche mit dem Resultat von c).

4.7.3 Die Dichte einer Zufallsvariablen X sei gegeben durch

$$f(x) = a/(x^2 + 1) \qquad (-\infty < x < \infty).$$

a) Man bestimme a.
b) Man bereche $P(X \geqslant 1)$.
c) Man bestimme die Momente erster und zweiter Ordnung von X.
d) Wie lautet die Dichte g(y) der Zufallsvariablen $Y = |X|$? (Man betrachte dazu die Verteilungsfunktion $G(y) = P(Y \leqslant y)$.)

4.7.4 Sei $f(x) = \exp(-a\,x^2)$. Man zeige, dass $\int\limits_0^\infty f(x)\,dx = \sqrt{\pi/a}/2$

(Man transformiere das Produkt $\int f(x)\,dx \int f(y)\,dy$ in Polarkoordinaten.)

4.7.5 Sei X eine Zufallsvariable mit der Dichte

$$f(x) = \begin{cases} (x+1)^{-2} & (x \geqslant 0) \\ 0 & \text{sonst.} \end{cases}$$

Man zeige, dass die Dichte von $Y = 1/X$ mit der von X identisch ist.

4.7.6 Ein elektrischer Strom X fliesse durch einen Widerstand der Stärke $r = 1\,\Omega$. Man nimmt an, dass X eine Zufallsvariable mit der Dichte

$$f(x) = \begin{cases} 1/2 & (4 \leqslant x \leqslant 6) \\ 0 & \text{sonst} \end{cases}$$

sei. Man bestimme die Wahrscheinlichkeitsdichte g(y) der elektrischen Leistung $Y = r X^2$.

4.7.7 Man beweise die Beziehung $\tau = \int\limits_0^\infty R(t)\,dt$

wobei R(t) die Zuverlässigkeitsfunktion eines technischen Geräts mit der mittleren Lebensdauer τ ist (s. § 4.6.1). (Man drücke τ durch ein Doppelintegral aus.)

4.7.8 Man beweise, dass eine exponentialverteilte Zufallsvariable "nicht altert" (s. § 4.6.2).

4.7.9 Sei X eine auf [0, 1] gleichverteilte Zufallsvariable.

a) Man bestimme eine monoton wachsende Funktion $\varphi(x)$, für welche $Y = \varphi(X)$ exponentialverteilt ist mit Parameter $\lambda = 1$.

b) Man zeige, dass

$$E(Y) = \int y\, g(y)\, dy = \int \varphi(x)\, f(x)\, dx,$$

wobei f(x) und g(y) die Dichten von X bzw. Y sind.

4.7.10 Eine Fabrik produziert Autobatterien mit den Produktionskosten von 100.- Franken und Verkaufspreis von 150.- Franken pro Stück. Für jede verkaufte Batterie wird im Falle eines Defekts im Verlauf der ersten 2 Jahre der Kaufpreis rückvergütet. Wie gross ist der Gewinn, der beim Verkauf von 1000 Batterien erzielt wird, wenn man annimmt, dass die Lebensdauer der Batterie annähernd mit den Parametern $\mu = 2{,}6$ und $\sigma = 0{,}50$ normalverteilt ist?

4.7.11 Der Durchmesser X von serienmässig gefertigten Kugeln sei normalverteilt. Von zwei Sieben weist das eine Löcher mit einen Durchmesser von 10 mm auf, das andere solche mit einen Durchmesser von 13 mm. Damit bestimmt man die Wahrscheinlichkeiten

$P(X < 10) = 0{,}1736$ und $P(X > 13) = 0{,}1446$.

Wie lauten die Parameter μ und σ der Verteilung von X?

4.7.12 Die Geschwindigkeit X eines Körpers der Masse m = 2 sei standardnormalverteilt. Man zeige, dass dann die kinetische Energie χ^2-verteilt ist mit Freiheitsgrad 1 (s. § 8.2.2).

4.7.13 Sei X die im Beispiel des Abschnitts 4.2 definierte Zufallsvariable und sei $Y = X^2$. Man berechne Var(Y) auf zwei verschiedene Arten.

KAPITEL 5:
Mehrdimensionale Zufallsvariable

5.1 Zweidimensionale Zufallsvariable

5.1.1 Einführung

Während die vorangehenden zwei Kapitel das individuelle Verhalten von einzelnen Zufallsvariablen zum Gegenstand hatten, interessieren wir uns im folgenden für das *gleichzeitige Verhalten* von zwei Zufallsgrössen. Genau wie im eindimensionalen Fall werden wir uns mit Wahrscheinlichkeitsverteilungen, Momenten sowie Funktionen von Zufallsvariablen befassen, daneben aber auch Fragen der Abhängigkeit bzw. Unabhängigkeit zweier Zufallsgrössen untersuchen. Ein beträchtlicher Teil der dabei erhaltenen Ergebnisse kann problemlos auf Zusammenhänge zwischen mehr als zwei Zufallsvariablen übertragen werden. Dies gilt insbesondere für Resultate, die sich auf Summen von Zufallsgrössen beziehen und welche in den beiden letzten Kapiteln des Bandes eine wichtige Rolle spielen werden.

Betrachten wir also zwei Zufallsvariable X und Y, welche auf demselben Wahrscheinlichkeitsraum (Ω, P) definiert sind; das Paar (X, Y) wird im folgenden als *zweidimensionale Zufallsvariable* oder auch als *Zufallsvektor der Dimension 2* bezeichnet.

Beispiele:

- Zwei aufeinanderfolgende Würfe mit einem Würfel:

    X = im ersten Wurf erhaltene Augenzahl
    Y = im zweiten Wurf erhaltene Augenzahl.

- Zufällig aus einer Bevölkerung ausgewähltes Individuum:

    X = Grösse des Individuums
    Y = Gewicht des Individuums.

- Prüfung einer Punktschweissung:

    X = Bruchwiderstand
    Y = Durchmesser der Schweissstelle.

Um die Wahrscheinlichkeitsverteilung eines Zufallsvektors zu definieren, werden wir, in Analogie zum eindimensionalen Fall, zunächst Paare von diskreten Zufallsvariablen betrachten, anschliessend Paare von stetigen Zufallsgrössen. Gemischte Zufallsvektoren, die sich aus einer diskreten und einer stetigen Komponente zusammensetzen, findet man in der Praxis nur selten vor.

5.1.2 Diskrete zweidimensionale Zufallsvariable

Seien also X und Y zwei *diskrete* Zufallsvariable, welche auf demselben Wahrscheinlichkeitsraum (Ω, P) definiert sind. Ihre Wertemengen seien

$$X(\Omega) = \{x_1, x_2, ..., x_n, ...\}$$

und

$$Y(\Omega) = \{y_1, y_2, ..., y_n, ...\}.$$

Die *zweidimensionale Wahrscheinlichkeitsverteilung* des Vektors (X, Y) wird dann durch die den Wertepaaren (x_i, y_j) zugeordneten Wahrscheinlichkeiten definiert:

$$p_{ij} = P((X = x_i) \cap (Y = y_j)),$$

wobei natürlich $\sum_{ij} p_{ij} = 1$.

Auf dem Produktraum $X(\Omega) \times Y(\Omega)$ wird dadurch ein diskretes Wahrscheinlichkeitsmass definiert. Das nachfolgende Beispiel zeigt, wie üblicherweise die Werte p_{ij} in Tabellenform dargestellt werden. Das individuelle Verhalten jeder der beiden Zufallsvariablen wird dabei durch die *Randverteilungen*

$$p_{i.} = P(X = x_i) = \sum_j p_{ij}$$

und

$$p_{.j} = P(Y = y_j) = \sum_i p_{ij}$$

beschrieben, welche in der letzten Spalte bzw. in der letzten Zeile der Wertetafel angegeben sind.

Beispiel (Wurf einer Münze): Ein stochastisches Experiment bestehe darin, eine regelmässige Münze dreimal zu werfen; seien

- X = Anzahl "Kopf"
- Y = Anzahl der Würfe, bis zum ersten Mal "Kopf" erscheint (bei dreimaligem Wurf von "Zahl" setzt man z. B. Y=4).

In der Tabelle 5. 1 ist die zweidimensionale Verteilung des Vektors (X, Y) angegeben; z. B. ist P(X=2 und Y=1) = P(KKZ oder KZK) = 2 · 1/8 = 1/4. Die Randverteilungen sind in der letzten Spalte und der letzten Zeile der Tabelle aufgeführt.

Tabelle 5.1

X \ Y	1	2	3	4	
0	0	0	0	$\frac{1}{8}$	$\frac{1}{8}$
1	$\frac{1}{8}$	$\frac{1}{8}$	$\frac{1}{8}$	0	$\frac{3}{8}$
2	$\frac{1}{4}$	$\frac{1}{8}$	0	0	$\frac{3}{8}$
3	$\frac{1}{8}$	0	0	0	$\frac{1}{8}$
	$\frac{1}{2}$	$\frac{1}{4}$	$\frac{1}{8}$	$\frac{1}{8}$	1

5.1.3 Stetige zweidimensionale Zufallsvariable

Betrachten wir nun zwei *stetige* Zufallsvariable X und Y. Jedem durch X und Y charakterisiertem Ereignis entspricht dann ein Gebiet A der (x, y) - Ebene. Wir setzen im folgenden voraus, dass die Wahrscheinlichkeit $P((X, Y) \in A) = P(A)$ durch ein Doppelintegral dargestellt werden kann:

$$P(A) = \iint_A h(x, y) \, dx \, dy,$$

wobei die *zweidimensionale Wahrscheinlichkeitsdichte* h(x, y) eine reelle Funktion ist, welche den Bedingungen

$$h(x, y) \geq 0 \qquad \text{für alle} \quad (x, y) \in \mathbf{R}^2$$

und

$$\iint_{\mathbf{R}^2} h(x, y) \, dx \, dy = 1.$$

genügt. Auch diese Definition der Wahrscheinlichkeit erfüllt die in § 1.3.1 erwähnten Axiome. Man beachte dabei, dass die Wahrscheinlichkeit eines durch einzelne Punkte oder Kurvensegmente festgelegten Ereignisses stets gleich Null ist.

Graphisch kann man sich die Funktion z = h(x, y) als eine Fläche veranschaulichen, welche mit der (x, y) - Ebene einen Körper mit Einheitsvolumen einschliesst.

Die Randdichten von X und Y sind

$$f(x) = \int h(x, y) \, dy$$

und

$$g(y) = \int h(x, y) \, dx.$$

Natürlich kann eine zweidimensionale Wahrscheinlichkeitsverteilung auch durch die zugehörige *Verteilungsfunktion*

$$H(x, y) = P((X < x) \cap (Y < y))$$

beschrieben werden, deren praktische Bedeutung jedoch gering ist. Für stetige Verteilungen erhält man die Wahrscheinlichkeitsdichte als partielle Ableitung der Verteilungsfunktion:

$$h(x, y) = \frac{\partial^2 H(x, y)}{\partial x \, \partial y}.$$

Beispiel: Gegeben sei die Funktion

$$h(x, y) = \begin{cases} 2 & \text{falls } 0 < y < x, \; 0 < x < 1 \\ 0 & \text{sonst.} \end{cases}$$

Der Leser möge die zugehörige Fläche skizzieren und überprüfen, dass es sich dabei um eine Wahrscheinlichkeitsdichte handelt.

Durch einfache Integration erhält man die Randdichten

$$f(x) = \begin{cases} 2x & \text{falls } 0 < x < 1 \\ 0 & \text{sonst} \end{cases}$$

und

$$g(y) = \begin{cases} 2 - 2y & \text{falls } 0 < y < 1 \\ 0 & \text{sonst.} \end{cases}$$

Betrachten wir das Ereignis A = "X > 2Y "; seine Wahrscheinlichkeit ist

$$P(A) = \iint_A h(x, y) \, dx \, dy = \iint_A 2 \, dx \, dy = 2 \cdot \text{Fläche von A} = 1/2.$$

Graphisch gesehen handelt es sich bei A um ein rechtwinkliges Dreieck mit Eckpunkten (0, 0), (1, 0) und (1, 1/2). ■

Beispiel (zweidimensionale Normalverteilung): Gegeben sei die Funktion

$$h(x, y) = \frac{1}{2\pi} \exp[-(x^2 + y^2)/2] \qquad (x, y) \in \mathbf{R}^2.$$

Um zu zeigen, dass es sich dabei um eine Wahrscheinlichkeitsdichte handelt, d.h. dass $\iint h(x, y) \, dx \, dy = 1$, genügt es, auf Polarkoordinaten überzugehen. Für die zugehörigen Randdichten erhalten wir

$$f(x) = \frac{1}{\sqrt{2\pi}} \exp[-x^2/2] \quad \text{und} \quad g(y) = \frac{1}{\sqrt{2\pi}} \exp[-y^2/2];$$

d. h. X und Y sind standardnormalverteilte Variable.

Dieses Beispiel stellt die einfachste Möglichkeit dar, die Normalverteilung auf den zweidimensionalen Fall zu übertragen. Die allgemeine Form der *zweidimensionalen Normalverteilung* werden wir im Paragraphen 5.2.2 (3. Beispiel) kennenlernen. ∎

5.1.4 Unabhängigkeit zweier Zufallsvariablen

Der Begriff der stochastischen Unabhängigkeit ist in der Wahrscheinlichkeitstheorie von grundlegender Bedeutung. Im Abschnitt 2.3 haben wir uns mit der Unabhängigkeit zweier Ereignisse befasst. Für zwei auf demselben Wahrscheinlichkeitsraum definierte Zufallsvariable X und Y liegt nun die folgende Verallgemeinerung des Begriffs "Unabhängigkeit" nahe: X und Y heissen *stochastisch unabhängig*, falls jedes nur durch X definierte Ereignis unabhängig ist von jedem nur durch Y definierten Ereignis.

Im Fall diskreter Variablen folgt daraus unmittelbar, dass X und Y genau dann unabhängig sind, falls

$$p_{ij} = p_{i.} \cdot p_{.j}$$

für alle i, j. Im stetigen Fall ist die stochastische Unabhängigkeit von X und Y gleichbedeutend zu der Bedingung

$$H(x, y) = F(x) G(y),$$

wobei H, F und G die Verteilungen des Vektors (X, Y) bzw. der Variablen X und Y sind; mittels partieller Ableitung erhält man

$$h(x, y) = f(x) g(y) \qquad (x, y) \in \mathbf{R}^2.$$

Man stellt also fest, dass von den vorangehenden drei Beispielen einzig das letzte Beispiel aus Paragraph 5.1.3 (zweidimensionale Normalverteilung) zwei unabhängige Zufallsvariablen enthält.

Bei manchen *Anwendungen* begegnet man folgender Situation: X und Y seien zwei zu verschiedenen Zufallsexperimenten gehörige Variablen, deren individuelle Verteilungen bekannt sind. Unter dieser Voraussetzung ist die zweidimensionale Verteilung des Vektors (X, Y) noch nicht festgelegt, wir kennen davon nur die beiden Randverteilungen. Darf jedoch angenommen werden, dass sich die Experimente gegenseitig nicht beeinflussen, so können die obigen Beziehungen zur Bestimmung der Wahrscheinlichkeitsverteilung von (X, Y) verwendet werden (s. z. B. Aufgabe 5.5.1).

Erwähnen wir zum Schluss noch ohne Beweis zwei *Kriterien* für die Unabhängigkeit von Zufallsvariablen, welche sich vor allem im Falle stetiger Variablen als nützlich erweisen können:

- Zwei Zufallsvariable X und Y sind voneinander unabhängig, falls sich ihre zweidimensionale Dichte als Produkt einer von x und einer von y abhängigen Funktion darstellen lässt:

    $$h(x, y) = h_1(x) h_2(y).$$

    Abgesehen von konstanten Faktoren sind dann h_1 und h_2 gleich den Randdichten von X und Y.

- Sei (X, Y) ein Zufallsvektor mit der Dichte h(x,y). Weiter sei die Menge $A \subset \mathbf{R}^2$ definiert durch

  $A = \{(x, y); h(x, y) > 0\}$.

  Falls A nicht die Form eines kartesischen Produktes hat, d. h. falls $A \neq A_x \times A_y$, wobei A_x und A_y Teilbereiche der x- bzw. y-Achse sind, so sind X und Y nicht voneinander unabhängig.

  Aufgrund des zweiten Kriteriums ist z. B. unmittelbar ersichtlich, dass die im ersten Beispiel aus § 5.1.3 definierten Zufallsvariablen nicht unabhängig sein können.

5.2 Kovarianz und linearer Korrelationskoeffizient

5.2.1 Moment eines zweidimensionalen Zufallsvektors, Kovarianz

Im folgenden setzen wir voraus, dass wir es mit stetigen Zufallsvariablen zu tun haben. Die auftretenden Begriffe und Resultate lassen sich jedoch problemlos auf den diskreten Fall übertragen. Sei also (X, Y) ein zweidimensionaler stetiger Zufallsvektor mit der Dichte h(x, y).

Die Erwartungswerte von X und Y sind durch

$$\mu_x = E(X) = \int x f(x)\, dx = \iint x\, h(x, y)\, dx\, dy$$

und

$$\mu_y = E(Y) = \int y g(y)\, dy = \iint y\, h(x, y)\, dx\, dy$$

definiert. Dabei folgt die Gleichheit der beiden Integrale jeweils unmittelbar aus der Definition der Randdichten f(x) und g(y).

Betrachten wir nun allgemein eine Zufallsvariable $Z = \varphi(X, Y)$, wobei $\varphi(x, y)$ eine auf $\mathbf{R}^2$ definierte reelle Funktion ist. Der Erwartungswert von Z ist dann durch $E(Z) = \int z\, k(z)\, dz$ gegeben, wobei $k(z)$ die Wahrscheinlichkeitsdichte von Z ist. In Analogie zum eindimensionalen Fall (§ 4.4.1) kann gezeigt werden, dass

$$E(Z) = \iint \varphi(x, y)\, h(x, y)\, dx\, dy.$$

Dieses bemerkenswerte Ergebnis besagt, dass wir die Verteilung von Z nicht zu berechnen brauchen, falls wir nur am Erwartungswert von Z interessiert sind. Auf das Problem, die Verteilung dieser Zufallsvariablen zu bestimmen, werden wir am Ende von Paragraph 5.3.3 zurückkommen.

Wählt man nun für $\varphi(x, y)$ nacheinander x^2, y^2 und xy, so erhält man die

Momente zweiter Ordnung von X und Y (diese Grössen wurden bereits in den Kapiteln 3 und 4 eingeführt) sowie das gemischte Moment zweiter Ordnung:

$$E(XY) = \iint x\, y\, h(x, y)\, dx\, dy.$$

Das entsprechende *zentrale* Moment heisst *Kovarianz* von X und Y und wird mit Cov(X, Y) bezeichnet:

$$Cov(X, Y) = E[(X - \mu_x)(Y - \mu_y)]$$

$$= \iint (x - \mu_x)(y - \mu_y)\, h(x, y)\, dx\, dy.$$

Ähnlich wie bei der Varianz erweist sich auch hier die Beziehung

$$Cov(X, Y) = E(XY) - E(X)E(Y)$$

für praktische Berechnungen als geeigneter.

Die Kovarianz besitzt unter anderem folgende *Eigenschaften*:

- $Cov(X, X) = Var(X)$
- $Cov(aX_1 + bX_2, Y) = a\, Cov(X_1, Y) + b\, Cov(X_2, Y)$
- $Cov^2(X, Y) \leq Var(X)\, Var(Y)$ (Schwarz'sche Ungleichung).

Der Beweis der ersten beiden Eigenschaften ist elementar; den Beweis der Schwarz'schen Ungleichung mag der Leser in Lehrbüchern der Analysis finden. Aus mathematischer Sicht besagt die zweite Eigenschaft, dass die Kovarianz eine symmetrische Bilinearform auf der Menge der Zufallsvariablen ist.

5.2.2 Stochastische Abhängigkeit zweier Zufallsvariablen

Die Bedeutung der Kovarianz zweier Zufallsvariablen liegt vor allem darin, dass sie deren stochastische Abhängigkeit quantitativ zu erfassen vermag. Insbesondere ist Cov(X, Y) = 0, falls X und Y unabhängig sind; man weist nämlich leicht nach, dass in diesem Fall E(X Y) = E(X) E(Y). Der umgekehrte Schluss ist jedoch unzulässig;, zwei *unkorrelierte* Variablen, d. h. zwei Variablen, deren Kovarianz gleich Null ist, sind nicht notwendigerweise unabhängig.

Ist die Kovarianz *positiv*, so weist das Verhalten der zwei Variablen im wesentlichen eine *gleichläufige* Tendenz auf. Dies bedeutet, dass bei zunehmendem Wert der einen Variablen die andere ebenfalls eher grössere Werte annimmt. Entsprechend ist bei *negativer* Kovarianz der Zusammenhang der Variablen *gegenläufig*.

Da der Betrag der Kovarianz je nach Form der Dichte h(x, y) beliebig gross werden kann, eignet sie sich jedoch nur bedingt als Mass für den Abhängigkeitsgrad zweier Variablen. Daher ersetzt man sie meistens durch eine normierte Grösse, den *linearen Korrelationskoeffizienten* von X und Y, der durch

$$\rho_{x,y} = \text{Cov}(X, Y) / \sigma_x \sigma_y$$

definiert ist, wobei σ_x und σ_y die Standardabweichungen von X bzw. Y sind.

Der Korrelationskoeffizient besitzt eine Reihe bemerkenswerter *Eigenschaften*:

- $-1 \leq \rho_{x,y} \leq +1$ (!)
- $\rho_{x,y} = 0$, falls X und Y unabhängig sind
- $\rho_{x,y} = +1 \iff Y = aX + b$ mit $a > 0$
- $\rho_{x,y} = -1 \iff Y = aX + b$ mit $a < 0$
- setzt man $U = aX + b$ und $V = cY + d$ mit $ac > 0$, so ist $\rho_{x,y} = \rho_{u,v}$.

Die erste dieser Beziehungen folgt unmittelbar aus der Schwarz'schen Ungleichung. Wie bei der Kovarianz ist auch hier die Umkehrung der zweiten Eigenschaft nicht zulässig. Der Nachweis dieser Ergebnisse ist leicht zu führen; möchte man z. B. beweisen, dass aus $\rho_{x,y} = \pm 1$ die lineare Abhängigkeit von X und Y folgt, so zeigt man, dass die Varianz der Zufallsvariablen $X/\sigma_x - Y/\sigma_y$ Null ist.

Allgemein kann man feststellen, dass die lineare Abhängigkeit von X und Y um so ausgeprägter ist, je näher $|\rho_{x,y}|$ bei eins liegt. Es sei jedoch darauf hingewiesen, dass eine Korrelationsbetrachtung niemals gestattet, auf einen kausalen Zusammenhang zwischen den beiden vorliegenden Grössen zu schliessen.

Beispiel: Greifen wir nochmals das Beispiel aus Paragraph 5.1.3 auf. Dort war

$$h(x, y) = \begin{cases} 2 & \text{falls } 0 \leq y \leq x,\ 0 \leq x \leq 1 \\ 0 & \text{sonst.} \end{cases}$$

Man erhält hier

$E(X) = 2/3,\qquad E(Y) = 1/3,$
$E(X^2) = 1/2,\qquad E(Y^2) = 1/6$

und

$E(XY) = 1/4$.

Somit folgt

$\text{Var}(X) = E(X^2) - E^2(X) = 1/18$
$\text{Var}(Y) = 1/18$
$\text{Cov}(X, Y) = E(XY) - E(X)E(Y) = 1/36$

und

$\rho_{x,y} = 1/2$;

X und Y besitzen also, wie nicht anders zu erwarten war, einen positiven linearen Korrelationskoeffizienten. ∎

Beispiel (zweidimensionale Normalverteilung): Im zweiten Beispiel aus § 5.1.3 wurde ein Spezialfall der zweidimensionalen Normalverteilung betrachtet. Die allgemeine Form der *zweidimensionalen normalen Dichte* ist durch

$$h(x, y) = c \, e^{-q(x, y)/2}$$

gegeben, wobei q(x, y) eine positiv-definite Quadratform der Gestalt

$$q(x, y) = \left[\left(\frac{x - \mu_x}{\sigma_x}\right)^2 + \left(\frac{y - \mu_y}{\sigma_y}\right)^2 - 2\rho_{x,y} \frac{(x - \mu_x)(y - \mu_y)}{\sigma_x \sigma_y}\right] / (1 - \rho_{x,y}^2)$$

ist und c eine positive Konstante:

$$c = (2\pi\sigma_x \sigma_y \sqrt{1 - \rho_{x,y}^2})^{-1}.$$

Die zweidimensionale Normalverteilung hängt demnach von fünf Parametern ab, nämlich ihren Momenten erster und zweiter Ordnung. ∎

Betrachten wir zum Schluss noch ein Beispiel eines *diskreten* Zufallsvektors.

Beispiel (Wurf einer Münze): Im Beispiel aus Paragraph 5.1.2 können wir zunächst feststellen, dass die Korrelation zwischen den Variablen X und Y negativ sein muss. Eine grosse Anzahl von "Kopf" erhöht offensichtlich die Chance, dass der erste "Kopf" schon zu Beginn einer Wurfserie auftritt. Dieses Ergebnis kann rechnerisch überprüft werden. Wir erhalten

$E(X) = 3/2$, $E(Y) = 15/8$,
$E(X^2) = 3$, $E(Y^2) = 37/8$ und $E(XY) = 17/8$.

Somit folgt

$Var(X) = 3/4$ $Var(Y) = 71/64$,
$Cov(X, Y) = -11/16$ und $\rho_{x,y} \approx -0{,}75$. ∎

5.3 Summen von Zufallsvariablen

5.3.1 Einführung

Summen von Zufallsvariablen spielen in vielen praktischen und theoretischen Fragestellungen der Wahrscheinlichkeitsrechnung und vor allem der Statistik eine Rolle; häufig wird dabei angenommen, dass die Summanden unabhängige Grössen darstellen.

Im folgenden Abschnitt sollen in erster Linie Erwartungswert, Varianz und Verteilung der Summe Z = X + Y aus den entsprechenden Grössen der beiden Summanden bestimmt werden. Wiederum gehen wir dabei von stetigen Zufallsvariablen aus; die Überlegungen lassen sich jedoch ohne weiteres auf den Fall diskreter Summanden übertragen. Ebenso ist die Verallgemeinerung der Resultate auf mehr als zwei Summanden zumeist unmittelbar ersichtlich.

5.3.2 Momente einer Summe von Zufallsvariablen

Erinneren wir zunächst daran (§ 5.2.1), dass der Erwartungswert einer Funktion $\varphi(X, Y)$ zweier Zufallsvariablen X und Y folgendermassen berechnet werden kann:

$$E(\varphi(X, Y)) = \iint \varphi(x, y) h(x, y) \, dx \, dy$$

wobei $h(x, y)$ die zweidimensionale Dichte des Vektors (X, Y) ist.

Setzt man $\varphi(X, Y) = X + Y$, so erhält man

$$\begin{aligned} E(Z) = E(X + Y) &= \iint (x + y) h(x, y) \, dx \, dy \\ &= \int x \left(\int h(x, y) \, dy \right) dx + \int y \left(\int h(x, y) \, dx \right) dy \\ &= \int x f(x) \, dx + \int y g(y) \, dy \\ &= E(X) + E(Y), \end{aligned}$$

$f(x)$ und $g(y)$ sind die Randdichten von X und Y. Bermerkenswert an dieser Beziehung ist, dass sie auch für voneinander abhängige Zufallsvariablen gilt.

Für die Varianz einer Summe erhält man

$$\begin{aligned} \mathrm{Var}(X + Y) &= E((X + Y)^2) - (E(X + Y))^2 \\ &= E(X^2) + E(Y^2) + 2E(XY) \\ &\quad - [(E(X))^2 + (E(Y))^2 + 2E(X)E(Y)] \\ &= \mathrm{Var}(X) + \mathrm{Var}(Y) + 2\mathrm{Cov}(X, Y). \end{aligned}$$

Sind insbesondere X und Y *unabhängig*, so vereinfacht sich diese Beziehung zu

$$\mathrm{Var}(X + Y) = \mathrm{Var}(X) + \mathrm{Var}(Y).$$

Beispiel (gestörtes Signal): Eine Spannung schwanke zwischen 0 und 4 Volt und sei in diesem Intervall gleichverteilt. Das Signal X werde von einer unabhängigen Störung (Rauschen) Y überlagert, welche zwischen 0 und 1 Volt gleichverteilt ist. Man bestimme Erwartungswert und Varianz des gestörten Signals.

Man erhält

$$E(X + Y) = E(X) + E(Y) = 2 + 0{,}5 = 2{,}5.$$

5.3 Summen von Zufallsvariablen

Unter der Annahme, dass X und Y unabhängig sind, folgt weiter

Var(X + Y) = Var(X) + Var(Y) = 16/12 + 1/12 = 1,42.   ∎

Diese Ergebnisse lassen sich ohne weiteres auf *Linearkombinationen* von Zufallsvariablen $X_1, X_2, ..., X_n$ übertragen. Man zeigt leicht, dass

$$E\left(\sum_{k=1}^{n} a_k X_k\right) = \sum_{k=1}^{n} a_k E(X_k)$$

und

$$\text{Var}\left(\sum_{k=1}^{n} a_k X_k\right) = \sum_{k=1}^{n} a_k^2 \text{Var}(X_k) + 2 \sum_{ij} a_i a_k \text{Cov}(X_i X_k),$$

wobei $a_1, a_2, ..., a_n$ konstante Grössen sind. Für den Fall unabhängiger Zufallsvariablen vereinfacht sich die letzte Beziehung zu

$$\text{Var}\left(\sum_{k=1}^{n} a_k X_k\right) = \sum_{k=1}^{n} a_k^2 \text{Var}(X_k).$$

Den zwei folgenden Spezialfällen von Linearkombinationen werden wir im weiteren Verlauf häufig begegnen:

- Sind X und Y seien unabhängige Zufallsgrössen, so gilt

  $$E(X - Y) = E(X) - E(Y)$$

  und

  $$\text{Var}(X - Y) = \text{Var}(X) + \text{Var}(Y).$$

- Eine *zufällige Stichprobe* ist definiert als eine Folge von n voneinander unabhängigen Zufallsvariablen $X_1, X_2, ..., X_n$, die der gleichen Wahrscheinlichkeitsverteilung mit Parametern μ und σ unterliegen. Bildet man nun das arithmetische Mittel dieser n Variablen:

  $$Y = (X_1 + X_2 + ... + X_n)/n,$$

  so wird

  $$E(Y) = \mu \quad \text{und} \quad \text{Var}(Y) = \sigma^2/n.$$

5.3.3 Wahrscheinlichkeitsverteilung einer Summe von Zufallsvariablen.

Sei wiederum h(x, y) die zweidimensionale Dichte des Zufallsvektors (X, Y). Mit k(z) bzw. K(z) bezeichnen wir Dichte bzw. Verteilung der Summe Z = X + Y. In Analogie zur Berechnung der Verteilung von $Y = \varphi(X)$ in Abschnitt 4.2 erhalten wir

$$K(z) = P(Z \leq z) = P(X + Y \leq z) = \int_{x+y \leq z} h(x, y)\, dx\, dy,$$

und damit $k(z) = K'(z)$.

In den meisten Anwendungsbeispielen kann davon ausgegangen werden, dass wir es mit *unabhängigen* Variablen zu tun haben; dann folgt

$$K(z) = \iint_{x+y \leq z} f(x)g(y)\,dx\,dy$$

$$= \int_{-\infty}^{+\infty} f(x)\left(\int_{-\infty}^{z-x} g(y)\,dy\right)dx$$

$$= \int_{-\infty}^{+\infty} f(x)G(z-x)\,dx$$

wobei $G(z)$ die Verteilungsfunktion von Y ist (s. Fig 5.2).

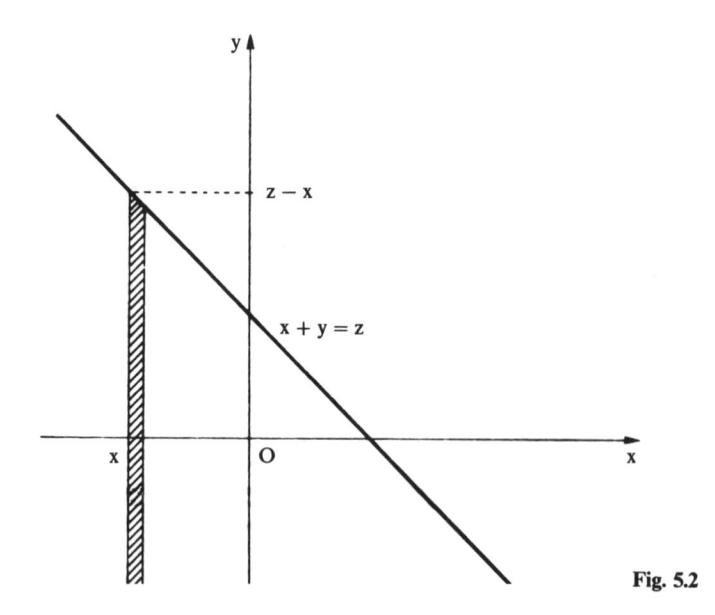

Fig. 5.2

Damit wird

$$k(z) = \int_{-\infty}^{+\infty} f(x)g(z-x)\,dx,$$

Durch Vertauschung der Integrationsreihenfolge erhält man den symmetrischen Ausdruck

$$k(z) = \int_{-\infty}^{+\infty} g(y)f(z-y)\,dy.$$

Ein bestimmtes Integral dieser Form heisst *Faltungsintegral* oder kurz *Faltung*. Man sagt auch, dass $k(z)$ das Faltungsprodukt der Funktionen $f(z)$ und $g(z)$ sei und schreibt $k = f * g$. Die folgenden *Eigenschaften* eines

Faltungsintegrals sind leicht zu beweisen:

- f * g = g * f
- (f * g) * h = f * (g * h)
- f * (g + h) = (f * g) + (f * h).

Ein Anwendungsbeispiel einer Faltung ist in Paragraph 5.4.2 zu finden.

Im Falle diskreter Zufallsvariablen ist das Faltungintegrals natürlich durch eine "Faltungssumme" zu ersetzen. Nehmen z. B. die Variablen X und Y positive ganzzahlige Werte an, so wird

$$P(X + Y = n) = \sum_{k=0}^{n} P((X = k) \cap (Y = n - k))$$

(s. Aufgabe 5.5.9).

Das zu Beginn dieses Paragraphen beschriebenen Vorgehen gestattet auch, die Verteilungen anderer Funktionen $Z = \varphi(X, Y)$ von zwei Variablen zu bestimmen. Man erhält

$$K(z) = \int_{\varphi(x,y) \leq z} h(x, y) \, dx \, dy$$

und, falls Z eine stetige Zufallsvariable ist, $k(z) = K'(z)$.

Beispiel: X und Y seien zwei unabhängige standardnormalverteilte Zufallsvariable. Man berechne die Wahrscheinlichkeitsdichte von $Z = X^2 + Y^2$.

Die zweidimensionale Dichte des Vektors (X, Y) lautet

$$h(x, y) = \exp[-(x^2 + y^2)/2]/(2\pi) \, ;$$

daraus folgt

$$K(z) = P(Z \leq z) = \iint_{x^2+y^2 \leq z} h(x, y) \, dx \, dy ,$$

$$\text{und} \quad = \frac{1}{2\pi} \iint_{r \leq \sqrt{z}} e^{-r^2/2} \, r \, dr \, d\varphi = 1 - e^{-z/2}$$

$$k(z) = e^{-z/2}/2 \quad (z > 0).$$

Z ist also exponentialverteilt mit Parameter $\lambda = 1/2$. ∎

5.3.4 Additivität von Verteilungen

Werden unabhängige Zufallsvariablen addiert, deren Verteilungen zum selben Typ gehören, so unterliegt die Summe im allgemeinen nicht mehr einer Verteilung des gleichen Typs. Dies wird durch das vorangehende Beispiel bestätigt, ferner durch die Faltung zweier Exponentialverteilungen

Kapitel 5: Mehrdimensionale Zufallsvariable

in Paragraph 5.4.2. Es gibt jedoch bestimmte Verteilungstypen, welche sich durch eine derartige Eigenschaft auszeichnen; man spricht in diesem Fall von *Additivität* oder *Stabilität* eines Verteilungstypen. Dazu gehören im wesentlichen die Binomialverteilung B(n, p), die Poissonverteilung $P(\lambda)$ und die Normalverteilung $N(\mu, \sigma^2)$.

Der Einfachheit halber kürzen wir im folgenden eine Aussage wie "X gehorcht einer Binomialverteilung mit Parametern n und p" mit $X \sim B(n,p)$ ab. Dann können wir folgende *Resultate* festhalten:

- Sind $X_1 \sim B(n_1, p)$ und $X_2 \sim B(n_2, p)$ unabhängig, so ist
  $X_1 + X_2 \sim B(n_1 + n_2, p)$.

- Sind $X_1 \sim P(\lambda_1)$ und $X_2 \sim P(\lambda_2)$ unabhängig, so ist
  $X_1 + X_2 \sim P(\lambda_1 + \lambda_2)$.

- Sind $X_1 \sim N(\mu_1, \sigma_1^2)$ und $X_2 \sim N(\mu_2, \sigma_2^2)$ unabhängig, so ist
  $X_1 + X_2 \sim N(\mu_1 + \mu_2, \sigma_1^2 + \sigma_2^2)$.

Die erste Beziehung folgt unmittelbar aus der Tatsache, dass eine nach B(n, p) verteilte Zufallsvariable als Summe von n unabhängigen, nach B(1, p) verteilten Zufallsvariablen dargestellt werden kann. Der Beweis der beiden anderen Resultate ist Gegenstand der Aufgaben 5.5.8 und 5.5.9.

5.4 Anwendungen auf Zuverlässigkeitsprobleme

5.4.1 Zuverlässigkeit eines Systems

In Paragraph 2.5.2 wurden Systemzuverlässigkeiten bestimmt, wobei wir uns auf den Spezialfall konstanter Zeitspannen beschränkt hatten. Diese Einschränkung soll nun fallengelassen werden. Wir untersuchen somit im folgenden die Zuverlässigkeit eines Systems in Abhängigkeit von

- der Struktur des Systems
- der Zuverlässigkeit seiner Elemente und
- der Zeit.

Dazu bezeichnen wir die Lebensdauer, die Zuverlässigkeitsfunktion und die Ausfalldichte des k-ten Elements mit T_k, $R_k(t)$ und $f_k(t)$; entsprechende Grössen ohne Index sollen sich im folgenden auf das System beziehen. Ist nichts Gegenteiliges angegeben, so nehmen wir an, dass die einzelnen Komponenten unabhängig voneinander funktionieren.

- Für ein *Seriensystem* ist dann

  $T = \min(T_1, T_2, ..., T_n)$,

  womit

$$R(t) = P(T > t) = P(T_1 > t \text{ und } \dots \text{ und } T_n > t)$$
$$= \prod_{k=1}^{n} P(T_k > t) = \prod_{k=1}^{n} R_k(t)$$

folgt.

- Für ein *Parallelsystem* erhält man

$$T = \max(T_1, T_2, \dots, T_n),$$

womit

$$F(t) = P(T \leqslant t) = P(T_1 \leqslant t \text{ und } \dots \text{ und } T_n \leqslant t)$$
$$= \prod_{k=1}^{n} P(T_k \leqslant t) = \prod_{k=1}^{n} F_k(t)$$

und schliesslich

$$R(t) = 1 - \prod_{k=1}^{n} [1 - R_k(t)]$$

folgt.

- Für ein *k-von n System*, welches aus n identischen Teilen mit derselben Zuverlässigkeitsfunktion $R_1(t)$ besteht, ist

$$R(t) = \sum_{i=k}^{n} \binom{n}{i} R_1^i(t) [1 - R_1(t)]^{n-i}.$$

Beispiel (Zuverlässigkeit eines Seriensystems): Ein Seriensystem bestehe aus zwei Elementen, deren Lebensdauern mit Parametern $\lambda_1 = 1$ und $\lambda_2 = 2$ exponentialverteilt sind. Für die Lebensdauer des Systems erhalten wir dann

$$R(t) = e^{-t} e^{-2t} = e^{-3t} \quad (t \geqslant 0)$$
$$f(t) = 3 e^{-3t} \quad (t \geqslant 0)$$

sowie
$$\tau = 1/3.$$

Ein Seriensystem ist also vom exponetiellen Typ, wenn dies für seine Elemente zutrifft. Man beachte, dass für Parallelsysteme eine solche Eigenschaft nicht gilt. ∎

5.4.2 Passive Redundanz

Der Begriff Redundanz wird in der Zuverlässigkeitstheorie häufig verwendet. Man spricht von der *Redundanz* eines Systems, falls dieses auch dann noch funktioniert, wenn eines oder mehrere seiner Elemente ausfallen. Auf diese Weise kann natürlich eine grössere Zuverlässigkeit des Systems erreicht werden. So weisen Parallelsysteme und k-von-n-Systeme (k < n) Redundanzen auf, wobei man in diesen Fällen auch von aktiver Redundanz spricht, da alle intakten Elemente gleichzeitig in Betrieb stehen. Häufig wird hier auch der Ausdruck "heisse Reserve" verwendet.

Im Gegensatz dazu spricht man von *passiver Redundanz* oder "kalter Reserve", wenn zu jedem Zeitpunkt nur ein Element in Betrieb ist. Im Falle einer Panne schaltet eine Vorrichtung auf ein intaktes Reserveelement um, wobei wir annehmen, dass die Pannenanfälligkeit dieses Umschaltmechanismus vernachlässigt werden kann. Sind n-1 Reserveeinheiten vorhanden, so erhält man für die Lebensdauer des Systems

$$T = T_1 + T_2 + \ldots + T_n$$

und somit

$$f = f_1 * f_2 * \ldots * f_n$$

und

$$F = F_1 * F_2 * \ldots * F_n.$$

Beispiel: Ein System mit passiver Redundanz bestehe aus zwei identischen Elementen mit Zuverlässigkeitsfunktion $R_k(t) = e^{-\lambda t}$ (t > 0). Nach Paragraph 5.3.3 erhält man für die Ausfalldichte des Systems

$$f(t) = \int_{-\infty}^{+\infty} f_1(t - u) f_2(u) \, du$$

$$= \int_0^t \lambda e^{-\lambda(t-u)} \lambda e^{-\lambda u} \, du = \lambda^2 t e^{-\lambda t} \qquad (t > 0),$$

woraus

$$R(t) = e^{-\lambda t}(1 + \lambda t)$$

folgt. Die Lebensdauer T dieses Systems ist also gammaverteilt mit den Parametern λ und u = 2 (s. § 8.2.1). ∎

5.4.3 Bemerkungen zum Poisson - Prozess

Im Zusammenhang mit der Poissonverteilung wurde im Paragraph 3.3.5 kurz auf den Begriff des Poisson - Prozesses eingegangen, welcher ein Modell für den zeitlichen Ablauf von zufälligen Ereignissen darstellt. Wir sind nun in der Lage, diese frühere intuitive Beschreibung zu präzisieren; dies soll im folgenden auf *zwei verschiedene Arten* geschehen.

Wir betrachten zunächst ein System mit passiver Redundanz, welches eine unbeschränkte Zahl von Reserveelementen besitzen soll. Die Lebensdauern seiner Komponenten $T_1, T_2, \ldots$ seien wie üblich unabhängig und gehorchen derselben Exponentialverteilung mit Parameter λ. Durch Verallgemeinerung des zuletzt gelösten Beispiels kann dann gezeigt werden, dass die Summe

$$X_n = T_1 + T_2 + \ldots + T_n,$$

welche auch den Ausfallzeitpunkt des n-ten Elements beschreibt, einer Gamma- Verteilung mit den Parametern λ und n unterliegt. (s. Satz 8.1). Ferner ist die Anzahl der im Zeitintervall [0, t] auftretenden Ausfälle Y(t) eine poissonsche Variable mit Parameter λt. Wir werden in Kapitel 8 (Aufgabe 8.6.12) auf diesen bemerkenswerten Zusammenhang zwischen Exponential- und Poissonverteilung zurückkommen, welcher auch verständlich macht, weshalb die Familie von Zufallsvariablen {Y(t); t ≥ 0} als *Poisson - Prozess* bezeichnet wird.

Weiter betrachten wir das zufällige Eintreffen von Anrufen in einer Telefonzentrale. Wir nehmen an, dass die Zeitpunkte, in denen die Anrufe eintreffen, folgenden Bedingungen genügen:

- Die Wahrscheinlichkeit, dass in einem Zeitintervall der Länge t genau n Anrufe eintreffen, hängt nicht von der Lage des Intervalls ab, sondern nur von seiner Länge t.

- Für zwei disjunkte Zeitintervalle I_1 und I_2 ist die Anzahl der in I_1 eintreffenden Anrufe N_1 unabhängig von der Anzahl der in I_2 eintreffenden Anrufe N_2.

- Die Wahrscheinlichkeit, dass wenigstens zwei Anrufe in einem sehr kurzen Intervall Δt eintreffen, ist vernachlässigbar klein gegenüber der Wahrscheinlichkeit, dass genau ein Anruf in Δt eintrifft.

Bezeichnen wir die Anzahl der im Intervall [0, t] eintreffenden Anrufe mit Y(t), so kann unter Verwendung einfacher Methoden aus der Theorie der Differentialgleichungen gezeigt werden, dass die Familie {Y(t); t ≥ 0} wiederum einen Poisson - Prozess darstellt. Für ein gründlicheres Studium der Poisson - Prozesse verweisen wir z. B. auf [10].

5.5 Aufgaben

5.5.1 Zwei technische Geräte A und B funktionieren unabhängig voneinander. Ihre Lebensdauern X und Y seien exponentialverteilt mit Parametern $\lambda = 1$ und $\mu = 2$.

a) Man bestimme die zweidimensionale Dichte h(x, y) des Vektors (X, Y) und skizziere die Oberfläche z = h(x, y).

b) Man berechne die Wahrscheinlichkeit, dass A früher ausfällt als B.

5.5.2 (X, Y) sei ein Zufallsvektor mit zweidimensionaler Dichte

$$h(x, y) = \begin{cases} a x y & \text{falls } (x, y) \in A \\ 0 & \text{sonst}, \end{cases}$$

dabei sei A das Dreieck mit den Eckpunkten (0, 0), (1, 0) und (0, 1).

a) Man bestimme a.
b) Man berechne die Randdichten f(x) von X und g(y) von Y.
c) Man berechne $\rho_{x,y}$.

5.5.3 Eine Urne enthalte 2 weisse und 2 schwarze Kugeln. Man zieht nacheinander und ohne Zurücklegen 2 Kugeln. Es sei

$$X_k = \begin{cases} 1 & \text{falls die k-te Kugel weiss ist} \\ 0 & \text{falls die k-te Kugel schwarz ist } (k = 1, 2). \end{cases}$$

a) Was kann über das Vorzeichen des Korrelationskoeffizienten von X_1 und X_2 gesagt werden?

b) Man bestimme den Wert von ρ_{x_1,x_2}.

5.5.4 Sei X eine im Intervall [0, 1] gleichverteilte Zufallsvariable. Für $Y = X^2$ berechne man $\rho_{x,y}$. Kommentar?

5.5.5 X und Y seien die Eingangsspannungen eines elektrischen Gerätes. Die Ausgangsspannung sei durch $Z = X^2 - XY + 2Y^2 + 3$ bestimmt. Man berechne E(Z), falls $E(X) = E(Y) = 2$, $Var(X) = 9$, $Var(Y) = 4$ und $\rho_{x,y} = 2/3$.

5.5.6 Zwei Personen verabreden, sich an einem bestimmten Ort zwischen 12 h und 13 h zu treffen. Ihre Ankunftszeiten seien gleichverteilte Zufallsvariable.

a) Man bestimme die Dichte k(z) und den Erwartungswert E(Z) der Wartezeit Z der zuerst eintreffenden Person.

b) Man berechne E(Z) mit Hilfe eines Doppelintegrals.

5.5.7 In einem elektrischen Stromkreis seien der Strom X und der Widerstand Y Zufallsvariable, welche jeweils im Intervall [0, 1] gleichverteilt sind. Man berechne Verteilungsfunktion K(z) und Wahrscheinlichkeitsdichte k(z) der Spannung Z = XY.

5.5.8 Man berechne das Faltungsprodukt zweier Standardnormalverteilungen. Dabei beachte man, dass

$$\int_{-\infty}^{+\infty} \exp[-(y - z/2)^2]\, dy = \sqrt{\pi}.$$

5.5.9 An einer zwischen den Städten A und B gelegenen Autobahnbrücke registriert man die pro Minute vorbeifahrenden Wagen. In Richtung von A nach B ist diese Anzahl X annähernd poissonverteilt mit Parameter λ, während die Anzahl Y der in Gegenrichtung fahrenden Wagen annähernd poissonverteilt ist mit Parameter μ.

a) Welcher Verteilung unterliegt die Anzahl Z aller vorbeifahrenden Wagen Z?

b) Mit welcher Wahrscheinlichkeit fahren von n Wagen genau k in Richtung B?

5.5.10 Bei der Zusammensetzung von Lager und Welle ist der Durchmesser X der Welle mit den Parametern $\mu_x = 1{,}048$ cm und $\sigma_x = 1{,}3 \cdot 10^{-3}$ cm normalverteilt. Der Durchmesser Y des Lagers ist mit $\mu_y = 1{,}059$ und $\sigma_y = 1{,}7 \cdot 10^{-3}$ cm normalverteilt. Wie gross ist der Ausschussanteil, wenn das notwendige Spiel zwischen $5 \cdot 10^{-3}$ und $17 \cdot 10^{-3}$ cm liegen muss?

5.5.11 X und Y seien zwei unabhängige Zufallsvariablen. X unterliege einer Binomialverteilung mit Parametern $n = 2$ und $p = 1/2$, während Y im Intervall $[0, 1]$ gleichverteilt sei. Man bestimme die Verteilung von $Z = X + Y$. (Man benutze den Satz von der totalen Wahrscheinlichkeit zur Berechnung von $K(z) = P(Z < z)$).

5.5.12 Ein System mit passiver Redundanz bestehe aus zwei Elementen, deren Ausfalldichten durch

$$f(x) = e^{-x} \quad (x > 0) \text{ und}$$
$$g(y) = 1 \quad (0 < y < 1)$$

gegeben sind. Man berechne die Ausfalldichte $k(z)$ des Systems.

5.5.13 Ein Parallelsystem bestehe aus zwei unabhängigen Komponenten, deren Lebensdauern T_k ($k = 1, 2$) dieselbe Wahrscheinlichkeitsdichte besitzen:

$$f_k(t) = \begin{cases} a\, t \exp[-t^2/2] & (t \geq 0) \\ 0 & (t < 0). \end{cases}$$

a) Man bestimme die Konstante a.

b) Man bestimme die Zuverlässigkeitsfunktionen $R_k(t)$ und $R(t)$ der Komponenten und des Systems.

c) Man stelle eine Beziehung zwischen den mittleren Lebensdauern τ_n und τ auf.

5.5.14 Für die im Beispiel von Paragraph 5.3.3 gegebene Zufallsvariable Z berechne man $E(Z)$ und $Var(Z)$ auf zwei verschiedene Arten.

KAPITEL 6:
Grenzwertsätze und Approximationsmethoden

6.1 Approximation durch die Normalverteilung

6.1.1 Einführung

Im folgenden werden wir uns nochmals mit *Summen* von Zufallsvariablen beschäftigen; wir setzen dabei voraus, dass es sich um unabhängige und gleichverteilte Zufallsgrössen handelt.

Im Abschnitt 5.3 wurde gezeigt, dass man zwar problemlos Erwartungswert und Varianz einer solchen Summe berechnen kann, die Bestimmung ihrer Wahrscheinlichkeitsverteilung hingegen recht mühsam ist.

Im vorliegenden Kapitel soll nun das *asymptotische Verhalten* derartiger Summen untersucht werden. Die dabei aufgestellten Grenzwertsätze werden den rechnerischen Umgang mit Summen von Zufallsvariablen wesentlich erleichtern. Als Approximationsverfahren liefern sie auch unter wenig einschränkenden Bedingungen durchaus zufriedenstellende Ergebnisse.

Grundlegend für dieses Verfahren ist ein Resultat, das seiner grossen theoretischen und praktischen Bedeutung wegen als *zentraler Grenzwertsatz* bezeichnet wird. Auf seinen Beweis können wir im Rahmen dieses Buches nicht eingehen.

6.1.2 Zentraler Grenzwertsatz

Satz 6.1: *Sei $X_1, X_2, ..., X_n, ...$ eine Folge unabhängiger Zufallsvariablen, welche dieselbe Verteilung besitzen. Sei weiter*

$$S_n = X_1 + X_2 + ... + X_n$$

und

$$S_n^* = (S_n - n\mu)/\sigma\sqrt{n}$$

die zu S_n gehörende Standardform, so konvergiert für wachsendes n die Verteilung von S_n^* gegen die Standardnormalverteilung.

Damit ist gemeint, dass für alle a, b (a < b)

$$P(a < S_n^* < b) \to \Phi(b) - \Phi(a)$$

falls $n \to \infty$ ∎

Anders ausgedrückt besagt der zentrale Grenzwertsatz, dass die Summe einer grossen Anzahl von unabhängigen Zufallsgrössen unter sehr allgemeinen Bedingungen annähernd normalverteilt ist. Es ist dies einer der Gründe, weshalb die Normalverteilung in Wahrscheinlichkeitstheorie und Statistik eine Sonderstellung einnimmt.

Es sei jedoch darauf hingewiesen, dass die Verteilung der nicht-standardisierten Summen S_n nicht gegen eine Normalverteilung strebt; da deren Varianzen ständig anwachsen, wird die zugehörige Wahrscheinlichkeitsdichte immer flacher und konvergiert überall gegen Null.

Es gibt übrigens Verallgemeinerungen des obigen Satzes, welche noch etwas schwächeren Voraussetzungen verwenden.

6.1.3 Anwendung

Mit Hilfe des zentrale Grenzwertsatzes lassen sich auf einfache Weise Wahrscheinlichkeiten der Form

$$P(a < X_1 + X_2 + \ldots + X_n < b)$$

näherungsweise bestimmen, falls nur die Zufallsvariablen X_k die Bedingungen aus Paragraph 6.1.2 erfüllen. Was die Qualität solcher Approximationen anbelangt, so wird sie im allgemeinen für $n \geq 30$ als befriedigend angesehen. Ist die gemeinsame Verteilung der Summanden nicht allzu verschieden von einer Normalverteilung, so kann die obige Näherung bereits für wesentlich kleinere Werte von n brauchbare Resultate liefern.

Beispiel (Warteschlange): Vor einem Schalter warten 10 Personen. Aufgrund früherer Beobachtungen kann angenommen werden, dass die Bedienungsdauer T_k pro Person eine exponentialverteilte Zufallsvariable mit Mittelwert 1 Min ist. Mit welcher Wahrscheinlichkeit wird die Gesamtwartezeit $T = T_1 + T_2 + \ldots + T_{10}$ mehr als 15 Min. betragen?

Man weiss, dass $E(T_k) = 1/\lambda = 1$ und $Var(T_k) = 1/\lambda^2 = 1$; T ist also annähernd nach N(10, 10) normalverteilt. Somit folgt

$$P(T > 15) \approx P\left(T^* > \frac{15-10}{\sqrt{10}}\right) = P(T^* > 1{,}5811) = 0{,}057. \qquad \blacksquare$$

Weiter Anwendungsbeispiele werden wir in den zwei folgenden Abschnitten kennenlernen.

6.2 Approximation der Binomialverteilung

In der Praxis werden oft Probleme dadurch vereinfacht, dass man eine gegebene Wahrscheinlichkeitsverteilung durch eine andere, einfacher zu handhabende Verteilung ersetzt. Solche Näherungsmethoden sollen im folgenden für die Binomialverteilung und die Poissonverteilung erläutert werden. Auf weitere Verteilungstypen werden wir in den Aufgaben eingehen.

6.2.1 Approximation durch die Normalverteilung

Beispiel (Qualitätskontrolle). Bei der Herstellung eines Artikels beträgt der Ausschussanteil im Mittel 5%. Wie gross ist die Wahrscheinlichkeit, dass sich unter 1 000 zufällig herausgegriffenen Artikeln nicht mehr als 60 defekte befinden?

Geht man davon aus, dass die Gesamtproduktion gross ist im Vergleich zum Stichprobenumfang, so können wir hier das Urnenmodell *mit* Zurücklegen verwenden. Die direkte Berechnung erweist sich allerdings als mühsam, da

$$P(X \leq 60) = \sum_{k=0}^{60} B(k; 1\,000,\, 0{,}05),$$

wobei X die Anzahl der beschädigten Artikel in der Stichprobe bezeichnet. Nun kann aber X als Summe von n = 1 000 unabhängigen und nach B(1, 0,05) verteilten Zufallsvariablen dargestellt werden und gehorcht deshalb praktisch einer Normalverteilung mit Parametern

$$E(X) = 1\,000 \cdot 0{,}05 = 50$$

und

$$Var(X) = 1\,000 \cdot 0{,}05 \cdot 0{,}95 = 47{,}5.$$

Somit folgt

$$P(X \leq 60) \approx P(X^* \leq (60 - 50)/6{,}9) = 0{,}9265. \quad\blacksquare$$

Die Genauigkeit dieses Ergebnisses kann durch eine *Stetigkeitskorrektur* verbessert werden. Diese berücksichtigt die Tatsache, dass wir im vorliegenden Fall eine diskrete Verteilung durch eine stetige Verteilung ersetzen. So gilt z. B. für die obige diskrete Variable X

$$P(X \leq 60) = P(X < 61),$$

wogegen die Approximation dieser Wahrscheinlichkeiten durch die Normalverteilung offensichtlich zwei verschiedene Werte liefert. Man trägt dem Rechnung, indem man beim Übergang zur Normalverteilung 60 durch 60,5 ersetzt:

$$P(X \leq 60) \approx P(X^* \leq (60{,}5 - 50)/6{,}9) = 0{,}936.$$

Allgemein gilt für eine nach B(n, p) verteilte Zufallsvariable X

$$P(a \leq X \leq b) \approx P\left(\frac{a - 0{,}5 - np}{\sqrt{np(1-p)}} \leq X^* \leq \frac{b + 0{,}5 - np}{\sqrt{np(1-p)}}\right).$$

In der Praxis liefert die Approximation der Binomialverteilung durch die Normalverteilung brauchbare Werte, falls np ≥ 5 und n(1 - p) ≥ 5. Ist z. B. p = 0,5, so sollte n mindestens 10 sein. Unter diesen Bedingungen kann das vorstehende Näherungsverfahren durch

$$B(n, p) \approx N(np, np(1 - p))$$

zusammengefasst werden.

6.2.2 Approximation durch die Poissonverteilung

Ist np kleiner als 5, so liefert die Approximation der Binomialverteilung durch die Normalverteilung keine zufriedenstellenden Ergebnisse. Dies kann selbst dann der Fall sein, wenn die Anzahl n der Experimente zwar gross, die Erfolgswahrscheinlichkeit p hingegen sehr klein ist. Unter diesen Voraussetzungen erhalten wir bessere Näherungswerte, wenn wir die Binomialverteilung durch die (ebenfalls diskrete) Poissonverteilung approximieren.

Im Gegensatz zum zentralen Grenzwertsatz kann der folgende *Poisson'sche Grenzwertsatz* mit einfachen Mitteln bewiesen werden.

Satz 6.2 : *Sei X eine binomialverteilte Zufallsvariable, deren Parameter n und p der Bedingung p = λ/n genügen, wobei λ eine positive Konstante ist. Dann folgt für n → ∞:*

$$P(X = k) \to \lambda^k e^{-\lambda}/k! \qquad (k = 0, 1, 2, ...).$$ ∎

Zum Beweis dieses Satzes betrachten wir

$$B(k; n, \lambda/n) = \binom{n}{k}\left(\frac{\lambda}{n}\right)^k\left(1 - \frac{\lambda}{n}\right)^{n-k}.$$

Falls n → ∞, so gilt:

$$\binom{n}{k}\frac{1}{n^k} = \frac{n(n-1)\ldots(n-k+1)}{n \, n \ldots n} \cdot \frac{1}{k!} \to \frac{1}{k!}$$

und

$$\left(1 - \frac{\lambda}{n}\right)^{n-k} = \left(1 - \frac{\lambda}{n}\right)^n\left(1 - \frac{\lambda}{n}\right)^{-k} \to e^{-\lambda},$$

woraus die Behauptung folgt.

In der Praxis verwendet man dieses Näherungsverfahren, falls n ≥ 30, p ≤ 0,1 und λ = np ≤ 10. Unter diesen Voraussetzungen gilt somit

$$B(n, \lambda/n) \approx P(\lambda).$$

Beispiel (Qualitätskontrolle): Das Beispiel des vorangehenden Paragraphen werde folgendermassen geändert: Bei einem Ausschussanteil von 1% soll die Wahrscheinlichkeit bestimmt werden, dass eine Stichprobe von 100 Artikeln nicht mehr als 3 defekte enthält.

Bezeichnet X wiederum die Anzahl der beschädigten Artikel, so soll also

$$P(X \leq 3) = \sum_{k=0}^{3} B(k; n, p)$$

bestimmt werden, wobei n = 100 und p = 0,01. Da np < 5, so kann diese Wahrscheinlichkeit nicht mit Hilfe der Normalverteilung berechnet werden. Die Approximation durch eine Poissonverteilung mit Parameter λ = np = 1 ergibt hingegen

$$P(X \leq 3) \approx \sum_{k=0}^{3} e^{-1}/k! = 0,981.$$

Die exakte Rechnung würde den Wert 0,982 ergeben. ∎

6.3 Approximation der Poissonverteilung durch die Normalverteilung

In Paragraph 3.3.5 wurde bereits darauf hingewiesen, dass man die Poissonverteilung für grosse λ durch die Normalverteilung approximieren kann. Aus diesem Grunde enthalten die Tabellen der Poissonverteilung im allgemeinen keine Parameterwerte, die grösser als 10 sind.

Satz 6.3: *Sei X eine poissonsche Zufallsvariable mit Parameter λ. Dann konvergiert die Verteilung der standardisierten Variablen* $(X - \lambda)/\sqrt{\lambda}$ *für* $\lambda \to \infty$ *gegen die der Standardnormalverteilung, d. h. für* a < b *gilt*

$$P(a \leq (X-\lambda)/\sqrt{\lambda} \leq b) \to \Phi(b) - \Phi(a). \quad \blacksquare$$

Dieser Satz stellt einen Spezialfall des zentralen Grenzwertsatzes dar. Um dies zu zeigen, zerlegen wir die Zufallsvariable X in eine Summe von n unabhängigen poissonschen Variablen mit Parameter λ/n, was aufgrund der Additivität der Poissonverteilung (s. § 5.3.4) möglich ist. Daraus folgt, dass für wachsendes $\lambda = \lambda_n = n$ die Verteilung von $(X - n)/\sqrt{n}$ gegen die Standardnormalverteilung konvergiert. Praktisch bedeutet dies, dass man für $\lambda \geq 10$ die Beziehung

$$P(\lambda) \approx N(\lambda, \lambda)$$

verwendet.

Beispiel: Sei X eine poissonsche Variable mit Parameter λ = 10. Dann erhält man für die Wahrscheinlichkeit des Ereignisses "X ≤ 6" den exakten Wert P(X ≤ 6) = 0,1302. Die Approximation durch die Normalverteilung liefert hingegen unter Berücksichtigung einer Stetigkeitskorrektur

P(X < 6,5) = P(X* < -1,107) = 0,1342,

wobei X* die standardisierte Zufallsvariable $X^* = (X - \mu)/\sigma$ bezeichnet. ∎

6.4 Aufgaben

6.4.1 Eine Fabrik produziert Transformatoren, in welchen 50 Blatt Weissblech und 49 Blatt Papier wechselweise angeordnet sind. Die Stärke X eines Weissblechblatts kann als Zufallsvariable mit Parametern $\mu_x = 0,5$ mm und $\sigma_x = 0,05$ mm betrachtet werden. Die Stärke Y des Papiers weise die Parameter $\mu_y = 0,05$ mm und $\sigma_y = 0,02$ mm auf. Wie gross ist die Wahrscheinlichkeit, dass die Gesamtdicke des Transformators zwischen den Werten 26,67 und 28,58 mm liegt?

6.4.2 Bei der Herstellung eines Artikels erweisen sich im Mittel 3% als beschädigt. Wie gross ist die Wahrscheinlichkeit, dass sich in einer Lieferung von 100 Artikeln höchstens 4 defekte befinden?

a) Man approximiere durch die Poissonverteilung.

b) Man approximiere durch die Normalverteilung.

Welche Näherung ist vorzuziehen?

6.4.3 Ein Reisebüro organisiert Rundfahrten, an denen jeweils maximal 97 Personen teilnehmen können. Erfahrungsgemäss verzichten 4% der angemeldeten Personen nachträglich auf die Teilnahme. Daher nimmt das Reisebüro 100 Anmeldungen pro Fahrt an. Wie gross ist die Wahrscheinlichkeit, dass bei einer Fahrt niemand abgewiesen werden muss?

6.4.4 Beobachtungen in einer Fabrik haben ergeben, dass die Anzahl X der Unfälle pro Woche annähernd einer Poissonverteilung mit Parameter $\lambda = 3$ gehorcht.

a) Wie gross ist die Wahrscheinlichkeit, dass die Anzahl der Unfälle in einer bestimmten Woche nicht grösser ist als 2 E(X)?

b) Man berechne auf zwei Arten die Wahrscheinlichkeit, dass sich während zwei aufeinanderfolgenden Wochen kein Unfall ereignet. (Man nehme an, dass die Unfallzahlen pro Woche unabhängige Grössen sind).

c) Bestimme die Wahrscheinlichkeit, dass sich in 4 aufeinanderfolgenden Wochen nicht mehr als 15 Unfälle ereignen.

6.4.5 Ein technisches Gerät setzt sich aus n = 25 Elementen zusammen, welche in einer bestimmten Zeitspanne unabhängig voneinander mit derselben Wahrscheinlichkeit p ausfallen können. Das Gerät ist funktionstüchtig, falls mindestens 23 dieser Elemente intakt sind.

a) Man berechne die Zuverlässigkeit des Geräts für p = 0,04.

b) Wie muss man die Zuverlässigkeit 1 - p der Elemente wählen, um die Zuverlässigkeit des Geräts auf 96% zu erhöhen?

6.4.6 Eine Lieferung umfasse 100 Artikel, von denen 20 defekt sind. Die Artikel werden nacheinander kontrolliert und zurückgelegt. Dabei werde der k-te defekte Artikel bei der X_k-ten Kontrolle entdeckt (k = 1, 2, ...).

a) Wie lautet die Wahrscheinlichkeitsverteilung von X_1?

b) Man berechne die Verteilung von (X_1, X_2) und leite daraus diejenige von X_2 her.

c) Man berechne $E(X_k)$ und $Var(X_k)$, indem man X_k als Summe von Zufallsvariablen eines einfacheren Typs auffasst.

d) Man berechne $P(X_{20} < 130)$.

6.4.7 Zwei Wochen vor einer Wahl unterstützen 60% der Wähler den Kandidaten A und 40% seinen Gegenkandidaten B.

a) Wie gross ist die Wahrscheinlichkeit, dass eine zufällig ausgewählte Stichprobe von 25 Personen eine Mehrheit für B ergibt?

b) Wie gross ist die Wahrscheinlichkeit, falls der Stichprobenumfang auf 100 erhöht wird?

c) Wie gross muss man die Stichprobe wählen, damit diese Wahrscheinlichkeit unter 0,01 fällt?

6.4.8 Man betrachte ein Bernoulliexperiment mit Erfolgswahrscheinlichkeit p = 5/16. Sei S die Anzahl der Experimente, die notwendig ist, um 100 Erfolge zu erzielen. Bestimme $P(290 < S < 350)$.

6.4.9 Ein Gerät funktioniert nur, wenn eine bestimmte Komponente intakt ist. Deren mittlere Lebensdauer beträgt t = 10 h, die Varianz sei $\sigma^2 = 4\ h^2$. Das Gerät soll während mindestens 2 200 h in Betrieb sein. Wieviele Reserveelemente müssen bereitgestellt werden, damit die verlangte Betriebsdauer mit einer Wahrscheinlichkeit von 97% gewährleistet ist?

6.4.10 Man würfelt 10mal mit einem Würfel. Mit welcher Wahrscheinlichkeit ist die erhaltene Augensumme mindestens gleich 50?

KAPITEL 7:
Statistische Schätzung

7.1 Wahrscheinlichkeitsrechnung und mathematische Statistik

Ziel der Wahrscheinlichkeitsrechnung ist die Entwicklung mathematischer Modelle, welche sich zur Beschreibung von Zufallsphänomenen eignen. Mit Hilfe der bisher eingeführten Methoden lassen sich im Rahmen solcher Modelle aus vorgegebenen Grössen unbekannte Wahrscheinlichkeiten oder Wahrscheinlichkeitsverteilungen bestimmen.

Das folgende *Beispiel* mag dies erläutern. Einer Urne, die r weisse und N - r schwarze Kugeln enthält, entnimmt man eine Stichprobe von n Kugeln. Man interessiert sich dabei für die Wahrscheinlichkeit, mit der die Stichprobe höchstens k weisse Kugeln enthält.

Nun sind wir bisher davon ausgegangen, dass alle zur Konstruktion eines stochastischen Modells benötigten Daten bekannt sind. Dies ist jedoch in der Praxis selten der Fall; zumeist muss man auf *statistische Methoden* zurückgreifen, um Informationen über die vorliegenden Wahrscheinlichkeiten oder Verteilungen zu erhalten.

Man unterscheidet dabei zwei Arten von statistischen Fragestellungen:

- Bei *Schätzproblemen* geht es darum, den unbekannten Wert eines Parameters zu schätzen; häufig handelt es sich dabei um den Mittelwert einer Zufallsvariablen. Aufgrund einer Reihe von Beobachtungen des zugrundeliegenden Zufallsphänomens ermittelt man eine Zahl, von der man annehmen kann, dass sie einen guten Näherungswert für den unbekannten Parameter darstellt. Oft bestimmt man stattdessen auch ein Intervall, welches den unbekannten Wert mit grosser Wahrscheinlichkeit enthält. Das vorliegende Kapitel beschäftigt sich mit dieser Art von Problemen.

- Bei *Testproblemen* geht man davon aus, dass eine Hypothese über einen Parameter oder über die Form einer Verteilung vorliegt. Aufgrund der bei einer Versuchsreihe festgestellten Werte soll entschieden werden, ob diese Hypothese anzunehmen oder abzulehnen ist. Im Kapitel 8 werden wir uns mit einigen Testmethoden befassen.

Als *Beispiel* einer statistischen Fragestellung greifen wir wieder das oben beschriebene Urnenmodell auf. Wir gehen jedoch diesmal davon aus, dass nicht bekannt sei, wie die N Kugeln auf die beiden Farben verteilt sind. Aufgrund des beim Ziehen von n Kugeln erhaltenen Ergebnisses versucht man, auf die Anzahl r der weissen Kugeln zu schliessen, die in der Urne enthalten sind. Dies kann in Form eines Schätz- oder eines Testverfahrens geschehen.

Eine weiteres Gebiet der Statistik befasst sich mit *stochastischen Bindungen* von Zufallsvariablen: aufgrund experimenteller Daten soll entschieden werden, ob zwei Zufallsvariable stochastisch abhängig sind und welche Funktion gegebenenfalls diese Abhängigkeit beschreibt. Mit Ausnahme von zwei Unabhängigkeitstests werden wir auf solche Fragestellungen im Rahmen dieses Buches nicht eingehen.

Ganz allgemein ist es Aufgabe der mathematischen Statistik, die Zusammenhänge zwischen einem Wahrscheinlichkeitsmodell und dem von ihm beschriebenen realen Geschehen zu untersuchen. Gültigkeit und Qualität eines stochastischen Modells lassen sich stets nur mittels experimenteller Tests überprüfen. Jede statistische Aussage beruht daher auf der Möglichkeit, zufällige Stichproben zu bilden, d. h. ein Zufallsphänomen unter gleichen Bedingungen beliebig oft zu reproduzieren.

Neben der *mathematischen* oder *schliessenden* Statistik ist noch die *beschreibende Statistik* zu erwähnen, deren Aufgabe darin besteht, experimentell gewonnene Daten darzustellen oder zusammenzufassen, ohne dabei wahrscheinlichkeitstheoretische Methoden zu benutzen.

7.2 Punktschätzungen

7.2.1 Punktschätzung des Erwartungswertes

Wir wenden uns im folgenden dem Problem zu, unbekannte Parameter einer Wahrscheinlichkeitsverteilung zu schätzen. Man spricht von *Punktschätzung* oder *Schätzwert*, wenn dem unbekannten Parameterwert θ eine Zahl θ zugeordnet wird, die in einem bestimmten, später noch zu präzisierenden Sinn als bester Näherungswert von θ angesehen werden kann. Wir untersuchen dieses Problem zunächst für den häufigsten Fall, wo θ der Erwartungswert μ einer Zufallsvariablen X ist. Ob die Verteilung von X völlig bekannt ist oder ob man ihre Form bis auf den Parameter θ kennt, ist dabei ohne Bedeutung.

Wir führen nun das der Variablen X zugrundeliegende Experiment mehrfach durch, wobei die verschiedenen Versuche unabhängig voneinander sein sollen. Dabei ist es unwesentlich, ob diese Versuche gleichzeitig oder nacheinander stattfinden. Die Menge aller beobachteten Werte $\{x_1, x_2, ..., x_n\}$ wird als *empirische Stichprobe* oder *statistische Reihe* von X bezeichnet. Es ist dann naheliegend, als Schätzwert μ̂ des unbekannten Mittelwertes μ das arithmetische Mittel $\bar{x}$ der beobachteten Werte zu wählen: $\hat{\mu} = \bar{x} = (x_1 + x_2 + ... + x_n)/n$; $\bar{x}$ heisst auch *empirischer Mittelwert* von X. Diese Vorgehensweise soll durch folgende Beispiele erläutert werden.

Beispiel: Eine umfangreiche Warensendung enthält einen unbekannten Anteil p von beschädigten Artikeln. Zur Bestimmung von p entnimmt man ihr auf zufällige Weise und mit Zurücklegen n Artikel. Ist der k-te gezogene Artikel defekt, so setzt man $x_k = 1$, andernfalls $x_k = 0$ und erhält so die empirische Stichprobe einer Bernoullischen Zufallsvariablen X. Das empirische Mittel $\bar{x}$ liefert eine Punktschätzung des Parameters $p = E(X)$. ∎

Beispiel: In einer Stadt wird eine Umfrage durchgeführt mit dem Ziel, die durchschnittliche Anzahl μ der Versicherungsverträge pro Haushalt zu ermitteln. Zu diesem Zweck wählt man auf zufällige Weise eine Teilmenge von n = 1000 Haushalten aus und bestimmt für diese die Anzahl der Verträge: x_1, x_2, ..., x_{1000}. Diese Zahlenfolge fasst man als empirische Stichprobe einer diskreten Zufallsvariablen X auf, über deren theoretische Verteilung nichts bekannt ist. Man erhält damit den Schätzwert $\bar{x}$ des unbekannten Parameters $\mu = E(X)$. ∎

Beispiel: Sei X die Lebensdauer eines elektrischen Gerätes, das in Serie gefertigt wird. Man weiss aus Erfahrung, dass X annähernd exponentialverteilt ist und möchte anhand der Daten einer Beobachtungsserie eine Punktschätzung des Mittelwerts $\mu = 1/\lambda$ erhalten. ∎

Dazu sei noch folgendes *bemerkt:*

- Im ersten Beispiel ging es darum, die Wahrscheinlichkeit eines Ereignisses zu bestimmen. Diese Aufgabe kann jedoch als Spezialfall des hier untersuchten Schätzproblems angesehen werden, da jedem Ereignis A eine Bernoulliverteilung mit Parameter p = P(A) zugeordnet werden kann (s. § 7.5.1).

- Wie das erste und das dritte Beispiel zeigen, kann man ausser dem Mittelwert auch Wahrscheinlichkeiten der Art $P(a < X < b)$ schätzen, sofern nur eine zweckmässige Hypothese über den Typ der Verteilung vorliegt.

7.2.2 Allgemeine Bemerkungen zum Schätzproblem

Natürlich lassen sich mit der soeben beschriebenen Verfahrensweise nicht sämtliche Schätzprobleme lösen. So bleiben z. B. die folgenden Fragen offen:

- Wie erhält man Schätzungen von anderen Parametern wie etwa der Varianz oder dem maximalen Wert, den eine Zufallsvariable annehmen kann?

- Was weiss man über die Güte einer Schätzung, d. h. über den maximalen Abstand von Punktschätzung und wirklichem Wert des Parameters?

- Wie gross muss man eine Stichprobe mindestens wählen, damit dieser Abstand einen gegebenen Wert nicht überschreitet?

Um diese Fragen zu beantworten, ist es notwendig, auf die *Methoden der Wahrscheinlichkeitstheorie* zurückzugreifen. Dazu ersetzen wir den Begriff der empirischen Stichprobe, welche aus n Zahlen besteht, durch den der zufälligen Stichprobe. Das bedeutet, dass die n empirischen Stichprobenwerte als Realisierungen von n unabhängigen Zufallsvariablen betrachtet werden, welche derselben Wahrscheinlichkeitsverteilung wie die ursprüngliche Variable X unterliegen.

Diese Verfahrensweise unterscheidet grundsätzlich die *mathematische* von der *beschreibenden Statistik*; sie ermöglicht es nämlich, wahrscheinlichkeitstheoretische Methoden zur Beurteilung von empirisch gewonnenen Daten einzusetzen. Sie soll im folgenden genauer dargestellt werden.

7.2.3 Schätzwerte: Definition und Eigenschaften

Für eine Zufallsvariable X, deren Wahrscheinlichkeitsverteilung von einem unbekannten Parameter θ abhängt, führen wir folgende Grundbegriffe ein.

- Eine Folge von unabhängigen Zufallsvariablen $X_1, X_2, ..., X_n$, die der gleichen Verteilung wie X gehorchen, heisst *zufällige Stichprobe* oder kurz *Stichprobe* von X des Umfangs n.

- Eine Funktion der n Stichprobenvariablen

$$T = \varphi(X_1, X_2, ..., X_n)$$

heisst *Stichprobenfunktion*. Die Zufallsvariable T ist also für dasselbe stochastische Experiment definiert wie die Variablen X_k. Das bekannteste Beispiel einer Stichprobenfunktion ist das arithmetische Mittel einer Stichprobe

$$\bar{X} = (X_1 + X_2 + ... + X_n)/n.$$

- Eine Stichprobenfunktion T heisst *Schätzfunktion* des Parameters θ der zu untersuchenden Verteilung, falls der beobachtete Wert von T als Schätzwert von θ dient. Die Stichprobenfunktion $\bar{X}$ ist demnach eine Schätzfunktion des Mittelwerts μ.

Eine empirische Stichprobe des Umfangs n kann also als Realisierung einer zufälligen Stichprobe aufgefasst werden. Die Realisierung t einer Schätzfunktion T ergibt eine Punktschätzung θ̂ des Parameters θ. Selbstverständlich werden verschiedene Realisierungen von T im allgemeinen verschiedene Schätzwerte des Parameters θ liefern.

Für einen gegebenen Parameter θ lassen sich stets verschiedene Schätzfunktionen konstruieren. Daher ist es notwendig, *Kriterien* festzulegen, welche den Vergleich zweier Schätzfunktionen ermöglichen und die ein Mass für die Güte einer Schätzfunktion liefern.

- Von einer "guten" Schätzfunktion fordert man normalerweise, dass sie *unverzerrt* oder *erwartungstreu* ist; d. h. es soll $E(T) = θ$ sein.

- Ein weiteres Mass für die Güte einer erwartungstreuen Schätzfunktion T ist ihre Varianz. Je kleiner nämlich Var(T) ist, um so eher liegen die von T angenommenen Werte in der Nähe des unbekannten Parameters θ. Demnach werden wir von zwei erwartungstreuen Schätzfunktionen diejenige als die *wirksamere* bezeichnen, welche die kleinere Varianz besitzt.

- Schliesslich heisst eine Schätzfunktion *konvergent*, falls

$$E(T) \to θ \quad \text{und} \quad Var(T) \to 0$$

für $n \to \infty$.

Die Suche nach der "besten" Schätzfunktion eines gegebenen Parameters ist eines der Hauptanliegen der statistischen Schätztheorie. Verschiedene Methoden, wie das Maximum - Likelihood - Verfahren, wurden zur Lösung dieses Problems entwickelt. Die Darlegung dieser Methoden würde jedoch den Rahmen dieses Buches sprengen; wir beschränken uns daher im folgenden darauf, zu überprüfen, ob eine vorliegende Stichprobenfunktion tatsächlich eine gute Schätzfunktion des zu bestimmenden Parameters darstellt.

7.2.4 Schätzfunktionen $\overline{X}$ und S^2

Wir untersuchen hier Schätzfunktionen für die beiden wichtigsten Parameter einer Verteilung, nämlich den Erwartungswert μ und die Varianz σ^2.

Wie in Paragraph 5.3.2 gezeigt wurde, ist das arithmetische Mittel der Stichprobe $\overline{X} = (X_1 + X_2 + ... + X_n)/n$ eine erwartungstreue Schätzfunktion von μ. Weiter ist das Stichprobenmittel konvergent, weil offensichtlich $E(\overline{X}) = \mu$ und $Var(\overline{X}) = \sigma^2/n \to 0$ für $n \to \infty$. Man kann ausserdem zeigen, dass $\overline{X}$ die wirksamste lineare erwartungstreue Schätzfunktion von μ ist.

Für die unbekannte Varianz einer Verteilung benutzt man als Schätzfunktion die Stichprobenfunktion

$$S^2 = \sum_{k=1}^{n} (X_k - \overline{X})^2 / (n-1),$$

welche als *Stichprobenvarianz* bezeichnet wird. Diese kann auch folgendermassen dargestellt werden:

$$S^2 = \sum_{k=1}^{n} (X_k - \mu)^2 / (n-1) - (\overline{X} - \mu)^2 n / (n-1)$$

Die Äquivalenz dieser beiden Ausdrücke ist leicht zu überprüfen, da

$$\sum_{k=1}^{n} (X_k - \overline{X})^2 = \sum_{k=1}^{n} [(X_k - \mu) + (\mu - \overline{X})]^2$$

$$= \sum_{k=1}^{n} (X_k - \mu)^2 + n(\mu - \overline{X})^2 - 2n(\mu - \overline{X})^2.$$

Aufgrund dieser Darstellung von S^2 kann man nun unmittelbar einsehen, dass S^2 eine erwartungstreue Schätzfunktion für σ^2 ist, denn

$$E(S^2) = \sum_{k=1}^{n} Var(X_k)/(n-1) - Var(\overline{X})n/(n-1)$$

$$= \sigma^2 n/(n-1) - \sigma^2/(n-1) = \sigma^2.$$

Weiter kann man zeigen, dass S^2 eine konvergente Schätzfunktion ist. Kennt man den Erwartungswert μ einer Verteilung, so ist die

Stichprobenfunktion

$$S^{*2} = \sum_{k=1}^{n} (X_k - \mu)^2 / n$$

eine wirksamere Schätzfunktion als S^2; man kann nämlich nachweisen, dass $\text{Var}(S^{*2}) < \text{Var}(S^2)$.

Die numerischen Realisierungen der Stichprobenfunktionen $\overline{X}$ und S^2 werden wir wie gewohnt mit $\overline{x}$ und s^2 bezeichnen.

Wir möchten noch darauf aufmerksam machen, dass aus $E(S^2) = \sigma^2$ nicht notwendigerweise $E(S) = \sigma$ folgt; S ist nämlich keine erwartungstreue Schätzfunktion der Standardabweichung σ. Ganz allgemein kann gesagt werden, dass eine Beziehung der Form $E(\varphi(X)) = \varphi(E(X))$ nur gilt, falls die Funktion φ linear ist.

7.3 Intervallschätzung des Mittelwerts

7.3.1 Der Begriff des Vertrauensintervalls

Für das erste Beispiel aus Paragraph 7.2.1 führen wir folgende numerische Werte ein:

- eine Stichprobe des Umfangs n = 10 enthalte 3 defekte Artikel
- eine Stichprobe des Umfangs n = 100 enthalte 30 defekte Artikel.

In beiden Fällen liefert die Punktschätzung des Parameters p denselben Wert, nämlich p = 0,3, aber offensichtlich vertraut man dem Ergebnis der zweiten Stichprobe mehr als dem der ersten. Man erwartet also, dass der Fehler, den man bei Benutzung des Schätzwerts p anstelle von p begeht, um so kleiner wird, je grösser man den Umfang der Stichprobe wählt.

Um die Glaubwürdigkeit oder Güte einer Schätzung genauer erfassen zu können, führen wir den Begriff des *Vertrauensintervalls* $[U_1, U_2]$ für den unbekannten Parameter μ ein. Dieses wird mit Hilfe zweier Stichprobenfunktionen U_1 und U_2 so definiert, dass der wahre Wert μ mit einer vorgegebenen Wahrscheinlichkeit $1 - \alpha$ im Intervall enthalten ist:

$$P(U_1 < \mu < U_2) = 1 - \alpha.$$

Die zu dieser Schätzung gehörende Wahrscheinlichkeit $1 - \alpha$ heisst *Vertrauensniveau*; ihre Wahl hängt natürlich von der Art des zu untersuchenden Problems ab. Häufig benutzte Werte für $1 - \alpha$ sind 0,90, 0,95, 0,99 und 0,999.

Jede Realisierung der zwei Stichprobenfunktionen U_1 und U_2 liefert ein *numerisches* Vertrauensintervall $[u_1, u_2]$. Ist die Anzahl dieser Realisierungen genügend gross, so wird man feststellen, dass der Parameter μ von ungefähr $100(1 - \alpha)$ Prozent der so erhaltenen Intervalle $[u_1, u_2]$ überdeckt wird.

Neben diesen *zweiseitigen* Vertrauensintervallen benutzt man gelegentlich *einseitige* Intervalle der Gestalt ($-\infty$, U_2] oder [U_1, ∞). Ein Beispiel dazu wird in Paragraph 7.5.2 erläutert.

Im folgenden werden wir Vertrauensintervalle für den Mittelwert µ für die häufigsten in der Praxis auftretenden Fälle konstruieren.

7.3.2 Mittelwert einer Normalverteilung mit bekannter Varianz

Sei X eine Zufallsvariable, die einer Normalverteilung mit bekannter Varianz σ^2 unterliegt. Nach Paragraph 7.2.4 und 5.3.4 weiss man, dass das Mittel der Stichprobe $\bar{X} = (X_1 + X_2 + ... + X_n)/n$ einer Normalverteilung des Typs N(µ, σ^2/n) genügt und eine erwartungstreue Schätzfunktion für den unbekannten Mittelwert µ = E(X) darstellt.

Die Stichprobenfunktion $Z = (\bar{X} - \mu)/(\sigma/\sqrt{n})$ gehorcht dann einer Standardnormalverteilung und es gilt

$$P(-z_{\alpha/2} < Z < z_{\alpha/2}) = 1 - \alpha$$

bzw.

$$P(|\bar{X} - \mu| < z_{\alpha/2}\sigma/\sqrt{n}) = 1 - \alpha.$$

Dabei ist $z_{\alpha/2}$ die durch $\Phi(z_{\alpha/2}) = 1 - \alpha/2$ definierte positive Zahl ($\Phi(z)$ ist bekanntlich die Verteilungsfunktion der Standardnormalverteilung). Das bedeutet, dass der unbekannte Wert von µ mit einer Wahrscheinlichkeit von $1 - \alpha$ im Zufallsintervall

$$[\bar{X} - z_{\alpha/2}\sigma/\sqrt{n},\ \bar{X} + z_{\alpha/2}\sigma/\sqrt{n}]$$

liegt, welches somit ein Vertrauensintervall zum Niveau $1 - \alpha$ für µ darstellt.

Man ersieht daraus, dass die Länge eines Vertrauensintervalls von drei verschiedenen Faktoren abhängt; sie kann verkürzt werden durch

- Erhöhung des Stichprobenumfangs n
- Verminderung der Streuung der zu untersuchenden Zufallsvariablen
- Wahl eines kleineren Vertrauensniveaus.

Erwähnen wir noch, dass auch Lösungen dieses Schätzproblems existieren, welche nicht mehr symmetrisch bezüglich µ sind. Man kann jedoch zeigen, dass für alle Intervalle mit Vertrauensniveau $1 - \alpha$ das oben definierte symmetrische Intervall die kleinste mittlere Länge besitzt.

Die Tabelle 7.1 enthält einige häufig benutzte Werte für $z_{\alpha/2}$.

Vertrauensniveau 1 - α	α/2	$z_{\alpha/2}$
0,6826	0,1587	1
0,90	0,0500	1,645
0,95	0,0250	1,960
0,9544	0,0228	2
0,99	0,0050	2,576
0,9974	0,0013	3
0,999	0,0005	3,291

Tabelle 7.1

Beispiel (Widerstand eines elektrischen Gerätes): Man nimmt an, der Widerstand X von technischen Geräten eines bestimmten Fabrikats folge annähernd einer Normalverteilung mit Standardabweichung $\sigma = 0{,}12\,\Omega$. Eine Stichprobe des Umfangs n = 64 liefert das empirische Mittel $\bar{x} = 5{,}34\,\Omega$. Man bestimme ein 95% - Vertrauensintervall für μ.

Das Intervall lautet

$$\left[5{,}34 - \frac{1{,}96 \cdot 0{,}12}{8},\; 5{,}34 + \frac{1{,}96 \cdot 0{,}12}{8}\right] = [5{,}31,\; 5{,}37].$$

7.3.3 Mittelwert einer Normalverteilung mit unbekannter Varianz

Ist die Varianz der normalverteilten Zufallsvariablen X nicht bekannt, so liegt es nahe, die Stichprobenfunktion

$$T = (\bar{X} - \mu)/(S/\sqrt{n})$$

einzuführen. Diese erhält man aus der oben definierten Stichprobenfunktion Z, indem die Varianz σ^2 durch die Stichprobenvarianz S^2 ersetzt wird. Die Verteilung von T wird Studentverteilung mit n-1 Freiheitsgraden genannt; man kann zeigen, dass sie weder von μ noch von σ^2 abhängt. Ihre genaue Definition erfolgt in Paragraph 8.2.3.

Mit ähnlichen Überlegungen wie in Paragraph 7.3.2 lässt sich nun ein Vertrauensintervall vom Niveau 1 - α für den Mittelwert μ konstruieren:

$$[\bar{X} - t_{\alpha/2} S/\sqrt{n},\; \bar{X} + t_{\alpha/2} S/\sqrt{n}],$$

$t_{\alpha/2}$ ist dabei durch $P(T \geq t_{\alpha/2}) = \alpha/2$ definiert. Eine Tabelle mit Werten von $t_{\alpha/2}$ befindet sich im Anhang.

Man kann zeigen, dass die Studentverteilung für n → ∞ in die Standardnormalverteilung übergeht. Das bedeutet in der Praxis, dass für n ≥ 30 die Werte $t_{\alpha/2}$ durch die in Paragraph 7.3.2 eingeführten Werte $z_{\alpha/2}$ ersetzt werden können.

Es sei noch darauf hingewiesen, dass Schätzintervalle für die unbekannte *Varianz* in Paragraph 7.5.2 konstruiert werden.

Beispiel (Schmelzpunkt einer Legierung): Um den Schmelzpunkt μ einer Legierung zu bestimmen, führt man 9 Messungen durch, welche den Mittelwert $\bar{x} = 1\,040°$ und die Standardabweichung $s = 16°$ ergeben. Man konstruiere für μ ein 95%-Vertrauensintervall.

Hier ist $t_{\alpha/2} = 2{,}306$ und das Vertrauensintervall lautet

$$[1\,040 - 2{,}306 \cdot 16/3,\ 1\,040 + 2{,}306 \cdot 16/3] = [1\,027{,}8,\ 1\,052{,}2].\ \blacksquare$$

7.3.4 Stichproben von grossem Umfang

Für umfangreiche Stichproben (etwa $n \geq 30$) folgt aufgrund des zentralen Grenzwertsatzes, dass die Stichprobenfunktion $\bar{X}$ annähernd einer Normalverteilung $N(\mu, \sigma^2/n)$ unterliegt und zwar unabhängig von der Form der Verteilung von X. Ist X annähernd normalverteilt, so kann diese Approximation schon für wesentlich kleinere Werte von n benutzt werden. Ist der Wert der Varianz σ^2 nicht bekannt, so ersetzt man diese durch s^2, was zumeist als Schätzung genügt. Somit liefert

$$[\bar{x} - z_{\alpha/2} s/\sqrt{n},\ \bar{x} + z_{\alpha/2} s/\sqrt{n}]$$

ein numerisches Vertrauensintervall für μ zum Niveau $1 - \alpha$. Der Wert $z_{\alpha/2}$ ist auch hier definiert durch $\Phi(z_{\alpha/2}) = 1 - \alpha/2$.

Für gewisse Arten von Verteilungen, welche von einem einzigen Parameter abhängen, kann man einen Schätzwert $\hat{\sigma}^2$ der Varianz auch mit Hilfe des empirischen Mittelwerts erhalten. Dies gilt insbesondere für

- die Bernoulliverteilung: wegen $\sigma^2 = p(1-p)$ ist $\hat{\sigma}^2 = \bar{x}(1-\bar{x})$;
- die Poissonverteilung: wegen $\sigma^2 = \lambda$ ist $\hat{\sigma}^2 = \bar{x}$;
- die Exponentialverteilung: wegen $\sigma^2 = 1/\lambda$ ist $\hat{\sigma}^2 = \bar{x}^2$.

Bezüglich der beiden letzten Verteilungen werden wir übrigens in den Aufgaben 8.6.9 und 8.6.14 darlegen, wie nötigenfalls exakte Vertrauensintervalle erhalten werden können.

Beispiel (Lebensdauer eines technischen Geräts): Um die mittlere Lebensdauer μ eines technischen Geräts zu bestimmen, wählen wir eine Stichprobe des Umfangs $n = 225$, welche den empirischen Mittelwert $\bar{x} = 31{,}5$ h ergibt. Unter der Annahme, dass die Lebensdauer annähernd exponentialverteilt ist, gebe man ein 99,7%-Vertrauensintervall für μ an.

Wir ersetzten die unbekannte Standardabweichung σ durch ihren Schätzwert $\hat{\sigma} = \bar{x}$ und erhalten das Vertrauensintervall $[25{,}2,\ 37{,}8]$. $\blacksquare$

7.4 Vergleich von zwei Mittelwerten

Im folgenden betrachten wir zwei normalverteilte Zufallsvariable X_1 und X_2, deren Varianzen σ_1^2 und σ_2^2 gegeben sind. Um ihre unbekannten Mittelwerte μ_1 und μ_2 miteinander zu vergleichen, soll ein Vertrauensintervall für die *Differenz* $\mu = \mu_1 - \mu_2$ bestimmt werden. Dazu wählen wir die Stichprobe $\{X_{11}, X_{12}, ... X_{1m}\}$ von X_1 und die Stichprobe $\{X_{21}, X_{22}, ..., X_{2n}\}$ von X_2 derart, dass die so definierten m + n Zufallsvariablen unabhängig sind.

Die Stichprobenfunktionen $\overline{X}_1$ und $\overline{X}_2$ sind dann nach $N(\mu_1, \sigma_1^2/m)$ bzw. $N(\mu_2, \sigma_2^2/n)$ normalverteilt; ihre Differenz $Y = \overline{X}_1 - \overline{X}_2$ unterliegt also ebenfalls einer Normalverteilung und zwar des Typs $N(\mu_1 - \mu_2, \sigma^2)$ mit $\sigma^2 = \sigma_1^2/m + \sigma_2^2/n$.

Ähnlich wie im letzten Abschnitt lässt sich für $\mu = \mu_1 - \mu_2$ ein Vertrauensintervall

$$[\overline{X}_1 - \overline{X}_2 - z_{\alpha/2}\sigma, \overline{X}_1 - \overline{X}_2 + z_{\alpha/2}\sigma]$$

bestimmen, wobei 1-α wie üblich das Vertrauensniveau bezeichnet. Für grosse Stichproben, d. h. falls m, n $\geq$ 30, können wir aufgrund des zentralen Grenzwertsatzes wieder auf die Bedingung verzichten, dass X_1 und X_2 normalverteilt sein müssen. Unter der gleichen Voraussetzung kann das Resultat auch im Falle unbekannter Varianzen σ_1^2 und σ_2^2 verwendet werden; diese werden dann wie üblich durch ihre Schätzwerte s_1^2 und s_2^2 ersetzt.

Praktisch geht man auf die obige Weise z. B. vor, wenn X_1 und X_2 Masse für die *Qualität zweier Produkte* sind, welche miteinander in Konkurrenz stehen. Enthält das Vertrauensintervall für $\mu_1 - \mu_2$ den Wert Null, so ist es durchaus möglich, dass $\mu_1 = \mu_2$, d. h. dass die beiden Produkte qualitativ gleichwertig sind. Wir können dann annehmen, dass die zwischen $\overline{x}_1$ und $\overline{x}_2$ beobachtete Differenz auf zufällige Schwankungen zurückzuführen ist, welche sich in keinem Produktionsprozess ganz vermeiden lassen. Enthält hingegen das Vertrauensintervall den Wert Null nicht, so kann mit Wahrscheinlichkeit 1 - α geschlossen werden, dass $\mu_1 \neq \mu_2$; d. h. dass zwei Produkte von unterschiedlicher mittlerer Qualität vorliegen.

Beispiel (Vergleich von Autoreifen): Um die Lebensdauern X_1 bzw. X_2 zweier Reifenmodelle zu vergleichen, testet man unabhängig voneinander je eine Stichprobe des Umfangs n = 100. Die dabei beobachteten empirischen Mittelwerte lauten:

$$\overline{x}_1 = 26\,400 \text{ km}, \qquad \overline{x}_2 = 25\,600 \text{ km};$$

die entsprechenden Stichprobenvarianzen sind

$$s_1^2 = 1{,}44 \cdot 10^6 \text{ km}^2, \quad s_2^2 = 1{,}96 \cdot 10^6 \text{ km}^2.$$

Das Unternehmen, welches das zweite Reifenmodell produziert, behauptet, dass diese unterschiedlichen Messwerte zufallsbedingt seien und dass in Wirklichkeit $E(X_1) = E(X_2)$. Man untersuche diese Behauptung unter Vorgabe eines Vertrauensniveaus von 99,7%.

Die Variable $Y = X_1 - X_2$ ist annähernd normalverteilt mit den Parametern $\mu = \mu_1 - \mu_2$ und $\sigma^2 \approx s^2 = (s_1^2 + s_2^2)/n = 3{,}4 \cdot 10^4 \text{ km}^2$. Man erhält somit [248, 1 352] als 99,7% - Vertrauensintervall für $\mu_1 - \mu_2$. Die Behauptung des Unternehmens ist also nicht glaubwürdig. ∎

7.5 Intervallschätzung für andere Parameter

7.5.1 Schätzung einer Wahrscheinlichkeit

Die Wahrscheinlichkeit $p = P(A)$ eines Ereignisses A sei nicht bekannt und soll mittels eines Vertrauensintervalls geschätzt werden. Wir führen dazu die folgende Bernoullivariable ein:

$$X = \begin{cases} 1 & \text{falls A eintritt} \\ 0 & \text{falls } \overline{A} \text{ eintritt.} \end{cases}$$

Für grosse Werte von n ist das zugehörige Stichprobenmittel $\overline{X}$, welches eine erwartungstreue Schätzfunktion von p darstellt, annähernd nach $N(p, p(1-p)/n)$ normalverteilt. Unter derselben Annahme kann die unbekannte Varianz von X durch ihre Schätzung $\overline{x}(1 - \overline{x})$ ersetzt werden; $\overline{x}$ ist dabei eine Punktschätzung von $p = E(X)$ (§ 7.3.4). Mit den schon bekannten Überlegungen erhält man als Vertrauensintervall für p

$$p = \overline{x} \pm z_{\alpha/2}\sqrt{\overline{x}(1 - \overline{x})/n}.$$

Beispiel (Qualitätskontrolle): Bei der Serienproduktion eines Artikels interessiert man sich für die Wahrscheinlichkeit, dass ein zufällig ausgewählter Artikel beschädigt ist. Eine Stichprobe vom Umfang n = 200 enthält 18 beschädigte Artikel. Man konstruiere für p ein 95% - Vertrauensintervall I.

Man erhält $\overline{x} = 18/200 = 0{,}09$, $\hat{s}^2 = \overline{x}(1 - \overline{x}) = 0{,}0819$ und $z_{\alpha/2} = 1{,}96$, woraus $I = [0{,}05, 0{,}13]$ folgt. ∎

Indem man σ^2 durch $\overline{x}(1 - \overline{x})$ ersetzt, nimmt man einen zusätzlichen Fehler in Kauf, da die Stichprobenfunktion $\overline{X}(1 - \overline{X})$ keine erwartungstreue Schätzfunktion von σ^2 ist (s. Aufgabe 7.7.5). Kann dieser Fehler aufgrund des Stichprobenumfangs nicht vernachlässigt werden, so stehen exakte Methoden zur Lösung dieses Schätzproblems zur Verfügung.

7.5.2 Schätzung der Varianz einer Normalverteilung

Oft beschreibt eine Zufallsvariable X ein wesentliches Merkmal eines in Serie produzierten Artikels. Bekanntlich stellt die Varianz von X ein Mass für die Streuung um den Nominalwert μ dar. Man ist also daran interessiert, dass Var(X) möglichst klein ausfällt und möchte dies durch Konstruktion eines Vertrauensintervalls überprüfen.

Wir gehen wieder davon aus, dass X eine normalverteilte Zufallsvariable mit unbekanntem Erwartungswert μ ist. Dann kann man zeigen, dass die Stichprobenfunktion $U = (n-1)S^2/\sigma^2$ einer χ^2 - Verteilung mit Freiheitsgrad n - 1 unterliegt (s. Satz 8.5). Ein *zweiseitiges* Vertrauensintervall für σ^2 zum Niveau 1 - α ist dann durch

$$[(n-1)S^2/u_2, (n-1)S^2/u_1]$$

gegeben; dabei bestimmt man die positiven Zahlen u_1 und u_2 mit Hilfe der χ^2 - Tabelle (s. Anhang) derart, dass

$$P(U < u_1) = P(U > u_2) = \alpha/2.$$

Im folgenden Beispiel ist es sinnvoll, ein *einseitiges* Vertrauensintervall einzuführen.

Beispiel (Bruchlast eines Kabels): Die Bruchlast X einer gewissen Kabelsorte kann durch eine normalverteilte Zufallsvariable beschrieben werden. Der Hersteller versichert, dass die Varianz von X, welche ein Mass für die gleichbleibende Qualität der Produktion ist, 900 N^2 nicht übersteigt. Man untersuche diese Zusicherung für ein Vertrauensniveau von 95%, wenn bekannt ist, dass eine Messung an zehn Kabeln für die Stichprobenvarianz den Wert 1560 N^2 ergeben hat.

Man weiss, dass $U = 9S^2/\sigma^2$ einer χ^2 - Verteilung mit Freiheitsgrad 9 unterliegt. Aus $P(U > u_2) = 0{,}05$ ergibt sich $u_2 = 16{,}9$. Damit erhält man für σ^2 das einseitige 95% - Vertrauensintervall [9 S^2/u_2, ∞), oder, unter Berücksichtigung der numerische Werte, [831, ∞). Die Behauptung des Herstellers kann also nicht zurückgewiesen werden. ∎

7.5.3 Allgemeine Anmerkungen zur Konstruktion eines Vertrauensintervalls

Fassen wir das Problem der Schätzung eines unbekannten Parameters θ wie folgt zusammen: um eine *Punktschätzung* $\hat{\theta}$ von θ zu erhalten, genügt es, eine "gute" Schätzfunktion $T = \varphi(X_1, X_2, ..., X_n)$ für den vorliegenden Parameter zu bestimmen. Möchte man hingegen ein *Vertrauensintervall* $[U_1, U_2]$ für θ konstruieren, so muss die Verteilung der Stichprobenfunktion T zumindest näherungsweise für jeden Wert von θ bekannt sein.

Um ein Vertrauensintervall $[U_1, U_2]$ zu vorgegebenem Niveau 1 - α zu erhalten, geht man grundsätzlich folgendermassen vor: Da die Verteilung von T bekannt ist, kann man zu jedem Wert von θ zwei Zahlen $\gamma_1(\theta)$ und $\gamma_2(\theta)$ bestimmen, sodass

$$P(\gamma_1(\theta) < T < \gamma_2(\theta)) = 1 - \alpha.$$

Falls beide Funktionen $\gamma_1(\theta)$ und $\gamma_2(\theta)$ streng monoton wachsen, so existieren ihre Umkehrfunktionen; die obige Gleichung kann dann in der Form

$$P(\gamma_2^{-1}(\theta) < T < \gamma_1^{-1}(\theta)) = 1 - \alpha$$

geschrieben werden. Somit ist $[\gamma_2^{-1}(T), \gamma_1^{-1}(T)]$ ein Vertrauensintervall von θ zum Niveau 1 - α (s. Fig. 7.2). In den meisten Fällen wählt man dabei ein symmetrisches Vertrauensintervall, das durch

$$P(T < \gamma_1(\theta)) = P(T > \gamma_2) = \alpha/2$$

bestimmt ist.

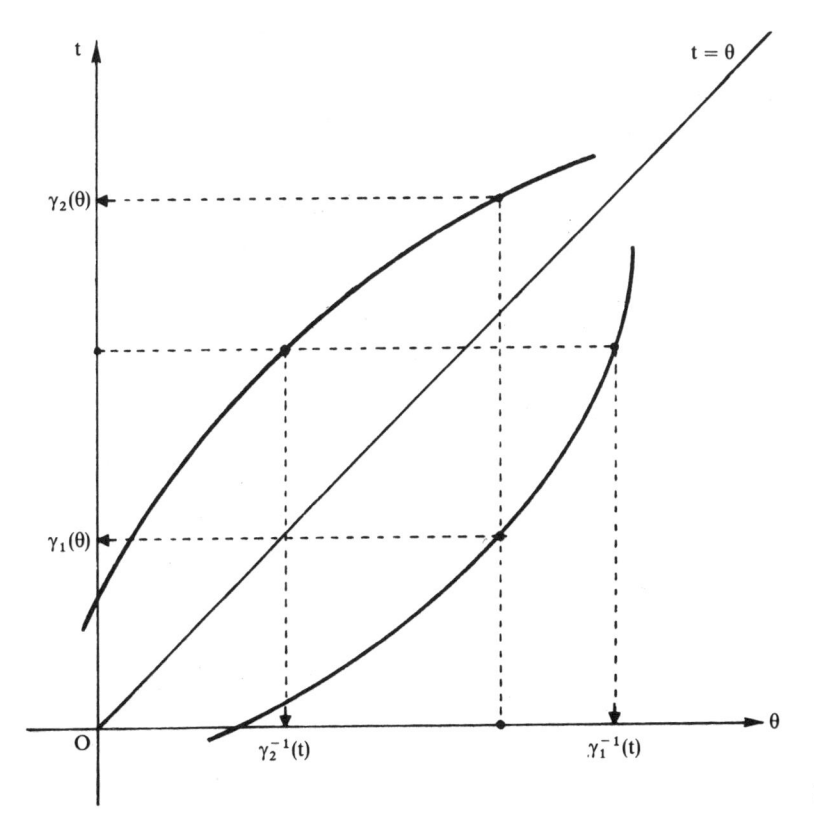

Fig. 7.2

Den interessierten Leser laden wir ein, sich diese allgemeinen Überlegungen anhand des in Paragraph 7.3.2 dargelegten Spezialfalles zu veranschaulichen.

7.6 Minimaler Umfang einer Stichprobe

7.6.1 Einführung und Beispiele

Alle bisher verwendeten Schätzfunktionen waren sowohl erwartungstreu als auch konvergent. Mit wachsendem Stichprobenumfang strebt also die Varianz der Schätzfunktion gegen Null, was zur Folge hat, dass sich die zugehörige Wahrscheinlichkeitsverteilung immer stärker um ihren Erwartungswert konzentriert. Dies erhöht offensichtlich die Qualität einer Schätzung.

Es stellt sich daher die Frage, wie gross man den Stichprobenumfang n mindestens wählen muss, damit eine Schätzung eine gewisse, vorgegebene Genauigkeit erreicht. Damit ist gemeint, dass der Abstand zwischen Punktschätzung und dem unbekanntem Parameterwert mit grosser Wahrscheinlichkeit eine bestimmte Schranke nicht übersteigen soll.

Dieses Problem werden wir im folgenden für die Normalverteilung und für die Bernoulliverteilung genauer untersuchen.

Beispiel (Elektrischer Widerstand eines Geräts): Wir nehmen an, der Widerstand von elektrischen Geräten eines bestimmten Typs sei annähernd normalverteilt mit Standardabweichung $\sigma = 1{,}2\,\Omega$. Wie gross muss der Stichprobenumfang mindestens gewählt werden, damit die Länge des 99%-Vertrauensintervalls für $\mu = E(X)$ den Wert $6 \cdot 10^{-2}\,\Omega$ nicht überschreitet? Der grösste, noch akzeptierte Fehler beträgt also $3 \cdot 10^{-2}\,\Omega$.

Nun ist

$$P(|\bar{X} - \mu| < z_{\alpha/2}\sigma/\sqrt{n}) = 0{,}99 = 1 - \alpha,$$

woraus $z_{\alpha/2} = 2{,}576$ folgt. Wegen $z_{\alpha/2}\sigma/\sqrt{n} < 0{,}03$ wird $\sqrt{n} \geqslant 10{,}32$ und somit $n \geqslant 107$. ∎

Beispiel (Meinungsumfrage): Zwei Wochen vor einer Wahl, in der sich zwei Kandidaten A und B gegenüberstehen, möchte man in einer Meinungsumfrage den Anteil p der Anhänger von A ermitteln. Wie gross muss der Stichprobenumfang mindestens gewählt werden, damit mit einer Wahrscheinlichkeit von 0,9544 dieser Anteil um höchstens 0,03 von seinem Schätzwert p abweicht?

Wir setzen zunächst X = 1 bzw. 0, falls ein befragter Wähler den Kandidaten A bzw. B bevorzugt. Dann ist für grosses n

$$P(|\bar{X} - p| < z_{\alpha/2}\sqrt{p(1-p)/n}) = 0{,}9544 = 1 - \alpha,$$

woraus $z_{\alpha/2} = 2$ folgt. Man wird also n so bestimmen, dass

$2\sqrt{p(1-p)/n} \leq 0.03$

oder anders ausgedrückt $n \geq 4 \cdot 10^4 \, p(1-p)/9$. Betrachtet man nun die graphische Darstellung von $y = p(1-p)$ für $0 \leq p \leq 1$, so erkennt man, dass $p(1-p) \leq 1/4$; somit folgt $n \geq 1111$. ∎

7.6.2 Bemerkungen zum Gesetz der grossen Zahlen

Im zuletzt behandelten Beispiel ging es darum, den Parameter p einer Bernoulliverteilung oder, was aufs gleiche herauskommt, die Wahrscheinlichkeit $P(A) = p$ eines Ereignisses A mit vorgegebener Genauigkeit zu bestimmen. Die folgende theoretische Betrachtung knüpft an dieses Beispiel an.

Sei X eine nach $B(1, p)$ verteilte Zufallsvariable ($p \neq 0$ und 1); für genügend grossen Stichprobenumfang n ist dann der Stichprobenmittelwert $\bar{X}_n$ im wesentlichen nach $N(p, p(1-p)/n)$ normalverteilt. Somit gehorcht $Y_n = (\bar{X}_n - p)/\sqrt{p(1-p)/n}$ annähernd einer Standardnormalverteilung und es ist

$$P(Y_n \geq \gamma) = 2(1 - \Phi(\gamma)).$$

Setzt man nun $\gamma = \varepsilon\sqrt{n/p(1-p)}$, wobei die positive Zahl ε beliebig klein gewählt werden kann, so wird

$$P(|\bar{X}_n - p| \geq \varepsilon) = 2(1 - \Phi(\varepsilon\sqrt{n/p(1-p)})).$$

Damit folgt für unbeschränkt wachsenden Stichprobenumfang n, dass

$$P(|\bar{X}_n - p| \geq \varepsilon) \to 0 \quad \text{bzw.} \quad P(|\bar{X}_n - p| < \varepsilon) \to 1.$$

Dieses Ergebnis stellt einen Spezialfall eines klassischen Satzes der Wahrscheinlichkeitstheorie dar, welcher als *(schwaches) Gesetz der grossen Zahlen* bekannt ist.

Erinnern wir uns nun daran, dass im Paragraphen 1.4.4 die Wahrscheinlichkeit eines Ereignisses A durch

$$P(A) = n_A/n$$

berechnet wurde; n_A gibt dabei an, wie oft A im Verlauf von n Versuchen eintritt. Der Begriff der *Wahrscheinlichkeit* eines Ereignisses A wird also zurückgeführt auf die *Häufigkeit*, mit der A während einer Versuchsserie auftritt. Da sich Häufigkeiten jedoch von einer Serie zur nächsten ändern, können sie strenggenommen nicht zur Definition von Wahrscheinlichkeiten verwendet werden.

Das Gesetz der grossen Zahlen trägt nun zur Klärung dieser Situation bei. Ordnet man dem Ereignis A in bekannter Weise eine Bernoullivariable X zu mit $p = P(A)$, so wird $\bar{x}_n = n_A/n$. Das Gesetz der grossen Zahlen besagt dann, dass der Abstand zwischen der Wahrscheinlichkeit $P(A)$ und der Häufigkeit n_A/n beliebig klein gemacht werden kann, wenn wir nur n genügend gross wählen.

In einem bestimmten Sinn, auf den wir hier nicht näher eingehen können, konvergiert also die Folge der Häufigkeiten gegen die Wahrscheinlichkeit eines Ereignisses. Das Prinzip der experimentellen Bestimmung von Wahrscheinlichkeiten, welches für das gesamte Gebiet der Statistik grundlegend ist, lässt sich also sehr wohl mit wahrscheinlichkeitstheoretischen Methoden rechtfertigen.

7.7 Aufgaben

7.7.1 a) Sei X eine normalverteilte Zufallsvariable mit der Varianz $\sigma^2 = 4$. Eine Stichprobe vom Umfang n = 25 ergibt das empirische Mittel $\bar{x} = 7{,}58$.

a) Man konstruiere für μ ein 95% - Vertrauensintervall.

b) Wie gross muss man für dieselbe Variable X den Umfang n der Stichprobe wählen, damit die Länge des 95% - Vertrauensintervalls 1,57 beträgt?

7.7.2 Um die mittlere Lebensdauer τ eines technischen Geräts zu bestimmen, wird eine Stichprobe vom Umfang n = 225 gewählt, welche als empirischen Mittelwert t = 31,5 h liefert. Unter der Annahme, dass die Lebensdauer T annähernd exponentialverteilt ist, gebe man ein 99,74% - Vertrauensintervall für τ an.

7.7.3 Verwende den empirischen Mittelwert $\bar{x}$, um einen Schätzwert σ^2 der Varianz zu erhalten, falls die Zufallsvariable X

a) im Intervall [0, b] gleichverteilt ist;

b) der Dreiecksverteilung $g(x) = -2(x-c)/c^2$ für $0 \leq x \leq c$ folgt.

7.7.4 Man löse Aufgabe 7.7.2 unter der Vorraussetzung, dass T

a) im Intervall [0, b] gleichverteilt ist;

b) einer Dreiecksverteilung (s. Aufgabe 7.7.3 b) !) folgt.

7.7.5 Bei der Schätzung des Parameters p einer Bernoulliverteilung benutzt man oft die Grösse $\bar{x}(1-\bar{x})$ als Schätzwert der Varianz $\sigma^2 = p(1-p)$. Man prüfe nach, ob die Zufallsvariable $U = \bar{X}(1-\bar{X})$ eine erwartungstreue Schätzfunktion für σ^2 ist.

7.7.6 Der Erwartungswert $\mu = 1/\lambda$ einer exponentialverteilten Zufallsvariablen X sei unbekannt. Ausgehend von einer Stichprobe $\{X_1, X_2, ..., X_n\}$ vom Umfang n definiert man $U = \min\{X_1, X_2, ..., X_n\}$.

a) Man bestimme a so, dass $U^* = aU$ eine erwartungstreue Schätzfunktion von μ ist.

b) Man berechne $\text{Var}(U^*)$ und vergleiche mit $\text{Var}(\bar{X})$.

7.7.7 Zwei Maschinen M_1 und M_2 stellen Schrauben her. Zwei der Produktion entnommene Stichproben vom Umfang n = 200 enthalten 16 bzw. 8 defekte Schrauben. Handelt es sich hierbei um ein zufälliges Ergebnis oder kann man schliessen, das M_2 tatsächlich von besserer Qualität ist (Vertrauensniveau 99,74%)?

7.7.8 Zur Überprüfung der Wirksamkeit eines Medikaments wird dieses einer Gruppe G_1 von 100 Versuchstieren verordnet, welche an einer bestimmten Krankheit leiden. Eine zweite Gruppe G_2 von ebenfalls 100 Tieren dient als Kontrollgruppe. Nach einer bestimmten Zeit sind 72 bzw. 60 Tiere gesund. Man beurteile die Wirksamkeit des Medikaments mit Hilfe einer Intervallschätzung (Vertrauensniveau 95%). (Man interpretiere die zwei Wahrscheinlichkeiten p_1 und p_2, mit der die Tiere geheilt werden, als Parameter zweier bernoulliverteilter Zufallsvariablen und schätze $\mu = p_1 - p_2$).

7.7.9 a) Vier Wochen vor einer Wahl, der sich zwei Kandidaten A und B stellen, ergibt eine Meinungsumfrage bei 100 Wählern, dass 41 Personen für den Kandidaten A und 59 für seinen Gegenkandidaten B stimmen wollen. Man konstruiere ein 95,44% - Vertrauensintervall für den Prozentsatz p der Anhänger von A.

b) Zwei Wochen später ergibt eine weitere Umfrage bei 200 Personen, dass 66 Personen für den Kandidaten A und 134 für B stimmen wollen. Kann man daraus schliessen, dass sich die Wählerabsichten geändert haben (Vertrauensniveau 95,44%)?

7.7.10 Sei X eine im Intervall [0, b] gleichverteilte Zufallsvariable; der Parameter b sei nicht bekannt. Man wählt $U = \max\{X_1, X_2, ..., X_n\}$ als Schätzfunktion für b.

a) Man berechne für U die Wahrscheinlichkeitsdichte g(U) und bestimme a so, dass $U^* = aU$ eine erwartungstreue Schätzfunktion für b ist.

Hinweis: Definitionsgemäss gilt: $U \leq u \iff X_1 \leq u, ..., X_n \leq u$.

b) Man berechne $\text{Var}(U^*)$.

c) Für die ebenfalls erwartungstreue Schätzfunktion $T = 2\overline{X}$ berechne man Var(T) und vergleiche das Ergebnis mit b).

7.7.11 X sei eine Zufallsvariable mit unbekanntem Erwartungswert $\mu = E(X)$. Mit Hilfe einer Stichprobe des Umfangs n = 3 definiert man $Y = a_1 X_1 + a_2 X_2 + a_3 X_3$ mit $a_1 + a_2 + a_3 = 1$.

a) Man zeige, dass Y eine erwartungstreue Schätzfunktion für μ ist.

b) Man zeige, dass Y die wirksamste Schätzfunktion für μ ist, falls $a_1 = a_2 = a_3 = 1/3$. (Verwende die Methode der Lagrange'schen Multiplikatoren).

7.7.12 Zwei Kandidaten A und B stellen sich zu einer Wahl. Bei einer Umfrage bevorzugen 52% der befragten Personen den Kandidaten A. Wie gross war der Umfang der Stichprobe, falls die Organisatoren der Umfrage versichern, der Kandidat A werde mit einer Wahrscheinlichkeit von 0,95 mindesten 50% der Stimmen erhalten?

KAPITEL 8:
Statistische Testverfahren

8.1 Überblick

8.1.1 Bestimmung einer theoretischen Wahrscheinlichkeitsverteilung

Im vorhergehenden Kapitel sind wir der Frage nachgegangen, wie man Schätzwerte für unbekannte Parameter einer Wahrscheinlichkeitsverteilung erhält. Im folgenden befassen wir uns zunächst mit dem Problem, die Form eine Wahrscheinlichkeitsverteilung anhand der numerischen Werte einer Stichprobe zu bestimmen. Mit Hilfe von experimentell gewonnenen Daten soll also überprüft werden, ob eine vorliegende Zufallsvariable einer bestimmten Verteilung unterliegen kann oder nicht.

Dabei ist offensichtlich, dass sich Probleme dieser Art nicht mit den im letzten Kapitel dargelegten Methoden lösen lassen. Es ist nämlich nicht möglich, "Vertrauensintervalle" zu konstruieren, welche sämtliche, mit einer gegebenen Stichprobe verträglichen Verteilungen enthalten. Wir führen deshalb in diesem Kapitel eine zweite Gruppe von statistischen Verfahren ein, die Testmethoden, auf welche bereits in Abschnitt 7.1. hingewiesen wurde.

8.1.2 Testverfahren

Die Struktur eines stochastischen Experiments sowie die Auswertung der vorliegenden Versuchsergebnisse erlauben uns in vielen Fällen, eine *Hypothese* aufzustellen, welche sich auf einen unbekannten Parameter, die Form einer Wahrscheinlichkeitsverteilung oder auch die stochastische Abhängigkeit von zwei Zufallsvariablen bezieht.

Beispiel: Man kann aus bestimmten Gründen annehmen, dass

- ein Würfel regelmässig ist,
- die Lebensdauer eines technischen Geräts annnähernd exponentialverteilt ist,
- die Anzahl der beschädigten Artikel pro Warensendung einen gegebenen Wert nicht übersteigt
- zwei Maschinen unabhängig voneinander funktionieren. ■

Solche statistischen Hypothesen werden angenommen oder abgelehnt aufgrund der numerischen Werte, welche sich bei der Realisierung von n unabhängigen Experimenten ergeben.

Ein *Test* ist also ein Verfahren, mit dessen Hilfe entschieden werden kann, ob eine bestimmte Hypothese als richtig oder falsch angesehen werden soll. Es sei jedoch darauf hingewiesen, dass statistische Entscheidungen niemals mit absoluter Sicherheit getroffen werden können; auch bei einer noch so gut abgesicherten Schlussfolgerung lässt sich ein Irrtum nicht völlig ausschliessen.

Im vorliegenden Kapitel befassen wir uns zunächst mit *Anpassungstests*. Mit ihnen kann man die eingangs aufgeworfene Frage entscheiden, ob eine Stichprobe mit einer bestimmten theoretischen Verteilung verträglich ist. Weiter werden *Parametertests* behandelt, welche dazu dienen, Hypothesen bezüglich eines Parameters einer Verteilung zu überprüfen. Übrigens werden wir in Paragraph 8.4.5 sehen, dass diese zweite Gruppe von Tests in direktem Zusammenhang mit den im vorherigen Kapitel vorgestellten Methoden der Intervallschätzung steht. Schliesslich betrachten wir noch zwei *Unabhängigkeitstests*, mit welchen die Frage der Unabhängigkeit von Ereignissen oder Zufallsvariablen untersucht werden kann. Doch zuerst führen wir drei stetige Wahrscheinlichkeitsverteilungen ein, welche im Zusammenhang mit Schätzproblemen und Tests eine wichtige Rolle spielen.

8.2 Gammaverteilung und verwandte Verteilungen

8.2.1 Gammaverteilung

Die *Gammafunktion*, auch Euler'sches Integral genannt, ist für alle positiven reellen Zahlen u definiert durch

$$\Gamma(u) = \int_0^\infty e^{-x} x^{u-1} \, dx \, .$$

Ihre Rekursionsformel lautet:

$$\Gamma(u+1) = u \, \Gamma(U).$$

Falls $u = n$ eine positive natürliche Zahl ist, so wird $\Gamma(n) = (n-1)!$. Insbesondere erhält man $\Gamma(1) = 1$ und $\Gamma(1/2) = \sqrt{\pi}$.

Die *Gammaverteilung*, die im folgenden durch $\Gamma(\lambda, u)$ bezeichnet wird, besitzt als Wahrscheinlichkeitsdichte

$$f(x) = \begin{cases} \lambda(\lambda x)^{u-1} e^{-\lambda x} / \Gamma(u) & (x \geq 0) \\ 0 & (x < 0); \end{cases}$$

sie hängt also von zwei positiven Parametern λ und u ab. Für ganzzahlige Werte von u heisst sie auch Erlangverteilung. Sie enthält als Spezialfall (u = 1) die Exponentialverteilung, mit der sie wie folgt zusammenhängt:

Satz 8.1: *Falls* $X_1, X_2, \ldots, X_n$ *unabhängige, mit demselben Parameter* λ *exponentialverteilte Zufallsvariablen sind, so ist die Summe* $X = X_1 + X_2 + \ldots + X_n$ *gammaverteilt mit Parametern* λ *und* n. ∎

Einen Spezialfall dieser Aussage (n = 2) wurde in Paragraph 5.4.2 behandelt; der Beweis des allgemeinen Falles durch vollständige Induktion ist leicht durchzuführen. Zumindest für ganzzahlige Werte von u ergeben sich als unmittelbare Folgerung aus dem Satz 8.1 die folgenden Eigenschaften der Gammaverteilung:

Satz 8.2: *Falls die Zufallsvariable X einer Gammaverteilung $\Gamma(\lambda, u)$ unterliegt, so ist* $E(X) = u/\lambda$ *und* $Var(X) = u/\lambda^2$. ∎

Satz 8.3 *(Additivität der Gammaverteilung):*
Falls $X_1 \sim \Gamma(\lambda, u_1)$ *und* $X_2 \sim \Gamma(\lambda, u_2)$ *unabhängig sind, so ist:*
$X_1 + X_2 \sim \Gamma(\lambda, u_1 + u_2)$. ∎

8.2.2 χ^2 - Verteilung

Wir betrachten eine Gammaverteilung mit den Parametern $\lambda = 1/2$ und u und setzen d = 2u. Dann ist

$$f(x) = \frac{x^{d/2-1} e^{-x/2}}{\Gamma(d/2) 2^{d/2}} \quad (x \geq 0)$$

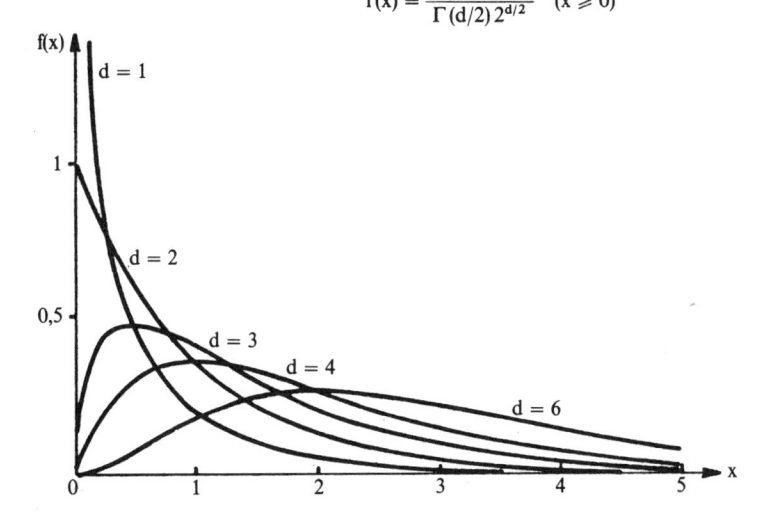

Fig. 8.1

die Dichte der χ^2 - *Verteilung* mit Freiheitsgrad d, welche wir im folgenden auch mit $\chi^2(d)$ bezeichnen. Anders ausgedrückt gilt $\chi^2(d) = \Gamma(1/2, d/2)$.

Die Additivität der χ^2 - Verteilung folgt direkt aus Satz 8.3. Für die Momente erster und zweiter Ordnung erhält man nach Satz 8.2 ausserdem

$E(X) = d$ und $Var(X) = 2d$.

Eine Tabelle dieser Verteilung befindet sich im Anhang. Der Verlauf der Wahrscheinlichkeitsdichten für einige Werte des Parameters d ist in der Figur 8.1 dargestellt, wobei wir es für d = 2 mit einer Exponentialverteilung zu tun haben.

Die grosse Bedeutung der χ^2 - Verteilung in der mathematischen Statistik ist auf die folgenden zwei Sätze zurückzuführen.

Satz 8.4: *Seien* $Y_1, Y_2, ..., Y_n$ *unabhängige standardnormalverteilte Zufallsvariable. Dann unterliegt die Variable*

$U = Y_1^2 + Y_2^2 + \ldots + Y_n^2$ einer χ^2 - Verteilung mit Freiheitsgrad n. ∎

Satz 8.5: *Gegeben sei eine nach* $N(\mu, \sigma^2)$ *verteilte mathematische Stichprobe. Dann gehorcht die Stichprobenfunktion* $(n-1)S^2/\sigma^2$ *einer* χ^2 *- Verteilung mit Freiheitsgrad* n - 1, *wobei* S^2 *wie üblich die Stichprobenvarianz bezeichnet.* ∎

Die Aussage von Satz 8.4 folgt zumindest für gerade n unmittelbar aus Aufgabe 8.6.6 und der Additivität der Gamma- bzw. χ^2 - Verteilung. Den Beweis von Satz 8.5 werden wir kurz skizzieren. Nach Paragraph 7.1.4 gilt

$$S^2 = \frac{1}{n-1} \sum_{k=1}^{n} (X_k - \mu)^2 - \frac{n}{n-1}(\overline{X} - \mu)^2,$$

d. h.

$$(n-1)S^2/\sigma^2 = \sum_{k=1}^{n} (X_k - \mu)^2/\sigma^2 - (\overline{X} - \mu)^2/(\sigma^2/n).$$

Nach Satz 8.4 sind die beiden Terme der rechten Seite der Gleichung χ^2 - verteilt, der erste mit Freiheitsgrad n und der zweite mit Freiheitsgrad 1. Man kann nun zeigen, dass die zwei Stichprobenfunktionen $(\overline{X} - \mu)^2/(\sigma^2/n)$ und $(n-1)S^2/\sigma^2$ unabhängig sind; der Beweis sprengt jedoch den Rahmen dieses Buches. Aufgrund der Additivität der χ^2 - Verteilung folgt dann die Aussage des Satzes 8. 5.

Man beachte, dass die Variable U aus Satz 8.4 aus n unabhängigen Summanden besteht. Die Stichprobenfunktion S^2 aus Satz 8.5 hingegen ist eine Summe von n Variablen, welche durch die Beziehung

$$X_1 + X_2 + \ldots + X_n = n\overline{X}$$

verknüpft sind. Diese Bemerkung hilft verstehen, weshalb der Parameter der χ^2 - Verteilung als Freiheitsgrad bezeichnet wird.

Zum Schluss seien noch zwei Ergebnisse erwähnt, welche sich auf das asymptotischen Verhalten der χ^2 - Verteilung beziehen.

Satz 8.6: *Die Zufallsvariable* X *sei* χ^2 *- verteilt mit Freiheitsgrad* n. *Für genügend grosses* n *sind dann die beiden Zufallsvariablen*

$$(X-n)/\sqrt{2n} \quad und \quad \sqrt{2X} - \sqrt{2n-1}$$

annähernd (0, 1) *- normalverteilt.* ∎

8.2.3 Studentverteilung

Die *Studentverteilung* ist eine stetige, symmetrisch zur Ordinatenachse verlaufende Verteilung, welche durch die Dichte

$$f(x) = c_n(1 + x^2/n)^{-(n+1)/2} \qquad (-\infty < x < +\infty),$$

definiert ist. Die positive Konstante c_n ist durch $\int_{-\infty}^{+\infty} f(x)\,dx = 1$ bestimmt; der Parameter n (n = 1, 2, ...) wird als Freiheitsgrad bezeichnet. Für n = 1 stimmt die Studentverteilung mit der Cauchyverteilung überein, während sie für unbegrenzt wachsendes n gegen die Standardnormalverteilung strebt. Eine Wertetabelle befindet sich im Anhang.

Die Momente einer Studentverteilung mit Freiheitsgrad n sind

$$E(X) = 0 \qquad \text{falls } n \geq 2$$

und

$$Var(X) = n/(n-2) \qquad \text{falls } n \geq 3.$$

Die Studentverteilung verdankt ihre Bedeutung in der Statistik der folgenden Aussage, welche wir ohne Beweis wiedergeben.

> **Satz 8.7:** *Seien U und V zwei unabhängige Zufallsvariable; U gehorche einer Standardnormalverteilung und V einer χ^2-Verteilung mit Freiheitsgrad n. Dann ist die Variable*
>
> $$T = U/\sqrt{V/n}$$
>
> *studentverteilt mit Freiheitsgrad n.* ∎

Aufgrund von Satz 8.5 folgt dann unmittelbar

> **Satz 8.8:** *Sei $\{X_1, X_2, \ldots, X_n\}$ eine nach $N(\mu, \sigma^2)$ normalverteilte zufällige Stichprobe. Dann ist die Stichprobenfunktion*
>
> $$T = (\bar{X} - \mu)/(S/\sqrt{n})$$
>
> *studentverteilt mit Freiheitsgrad n - 1.* ∎

Dieses Ergebnis wurde bereits im Paragraphen 7.3.3 zur Schätzung des Mittelwerts einer Normalverteilung benutzt; eine weitere Anwendung der Studentverteilung wird in Paragraph 8.5.3 behandelt.

8.3 Anpassungstests

8.3.1 Einführung

Theoretische Überlegungen zur Natur eines Zufallsexperiments oder aber graphische Auswertungen der numerischen Daten, z. B. in Form eines Histogramms, führen oft zur Aufstellung einer Hypothese bezüglich der Form einer Wahrscheinlichkeitsverteilung. Diese zu überprüfende Hypothese bezeichnet man allgemein als Nullhypothese H_0. Verschiedene Testverfahren wurden entwickelt, um zu entscheiden, ob eine empirische Stichprobe mit einer gegebenen theoretischen Verteilung übereinstimmt oder ob im Gegenteil Stichprobe und Verteilung so stark voneinander abweichen, dass die vorliegende Hypothese abgelehnt werden muss. Die bekannteste dieser Methoden ist als χ^2 - Test bekannt; wir betrachten zunächst ein einführendes Beispiel:

Beispiel (Symmetrie eines Würfels): Es soll die Hypothese H_0 überprüft werden, dass ein Würfel symmetrisch sei. Dazu würfeln wir 60 Mal. Die Zahlen n_i (i = 1, ..., 6) geben an, wie oft die Augenzahl i auftritt. Wir vergleichen nun diese Werte mit den theoretisch erwarteten Werten t_i unter der Hypothese der Gleichwahrscheinlichkeit H_0:

i	1	2	3	4	5	6
n_i	5	7	12	13	16	7
t_i	10	10	10	10	10	10

Ein "Abstand" dieser beiden Folgen von Häufigkeiten könnte durch einen der folgenden Ausdrücke definiert werden:

$$\sum_{i=1}^{6} |n_i - t_i| \qquad \text{oder} \qquad \sum_{i=1}^{6} (n_i - t_i)^2.$$

Aus später ersichtlichen Gründen wird die Summe

$$u = \sum_{i=1}^{6} (n_i - t_i)^2 / t_i$$

als *Mass für den Abstand* zwischen den beobachteten Häufigkeiten n_i und den "theoretischen" Häufigkeiten t_i gewählt. Wird der Wert von u als zu gross angesehen, so lehnt man die vorliegende Hypothese H_0 ab; andernfalls nimmt man sie an. Genauer ausgedrückt bedeutet ein genügend kleiner Wert von u, dass keinen Grund vorliegt, H_0 abzulehnen. Auf diese Weise kann entschieden werden, ob die hier vorliegende Zufallsvariable X einer Gleichverteilung genügt. ∎

Um diese Vorgehensweise zu verstehen und um zu wissen, ab welchem kritischen Wert von u die Hypothese H_0 abgelehnt werden soll, betrachten wir im folgenden das dem χ^2 - Test zugrundeliegende Wahrscheinlichkeitsmodell.

8.3.2 χ^2 - Test

Wir möchten allgemein überprüfen, ob eine Zufallsvariable X einer bestimmten Verteilung unterliegt; diese Hypothese werde wie üblich mit H_0 bezeichnet. Wir setzen hier voraus, dass die vorliegende Wahrscheinlichkeitsverteilung *keine unbekannten Parameter* enthält; auf den gegenteiligen Fall wird im nächsten Paragraphen eingegangen.

Die Wertemenge von X wird zunächst in k disjunkte Intervalle $I_1, I_2, \ldots I_k$ zerlegt, welche verschieden lang sein können. Sei $p_i = P(X \in I_i)$ die zu I_i gehörende Wahrscheinlichkeit unter der Hypothese H_0:

- $p_i = \sum\limits_{x_j \in I_i} P(X = x_j)$ falls X diskret ist,

- $p_i = \int\limits_{I_i} f_0(x)\, dx$ falls X stetig ist

(i = 1, 2, ..., k); $f_0(x)$ ist die in H_0 postulierte Dichte.

Betrachten wir nun eine zufällige Stichprobe des Umfangs n, und bezeichnen mit N_i die Anzahl der Variablen X_j, die ihre Werte in I_i annehmen. Offensichtlich ist N_i eine nach $B(n, p_i)$ verteilte Zufallsvariable und somit ist $E(N_i) = np_i$ (i = 1, ..., k).

Die nicht - negative Stichprobenfunktion

$$U = \sum_{i=1}^{k} (N_i - np_i)^2 / (np_i)$$

stellt dann ein Mass dar für den Abstand zwischen den beobachtbaren *zufälligen Häufigkeiten* $N_1, N_2, \ldots, N_k$ und den unter der Hypothese H_0 berechenbaren *theoretischen Häufigkeiten* $E(N_1), E(N_2), \ldots, E(N_k)$.

Die Frage, ab welchem kritischen Wert von U die Hypothese H_0 zurückgewiesen werden soll, lässt sich nur beantworten, wenn die Verteilung von U bekannt ist. Man kann zeigen, dass U asymptotisch χ^2 - verteilt ist, wobei wir uns hier mit einer Skizze der Beweisidee begnügen müssen. Jeder

Summand von U hat die Form $((N_i - np_i)/\sqrt{np_i})^2$, wobei der Ausdruck in den Klammern für genügend grosse n annähernd standardnormalverteilt ist. Unter Berücksichtigung von Satz 8.4 ist deshalb die Annahme naheliegend, dass U im wesentlichen einer χ^2 - Verteilung unterliegt. Allerdings sind hier die k Zufallsvariablen N_i nicht unabhängig, sondern durch die Beziehung $N_1 + N_2 + ... + N_k = n$ verknüpft; daher ist der Freiheitsgrad von U gleich k - 1.

Wir legen nun für diesen Test die *Irrtumswahrscheinlichkeit* α fest, welche auch *Signifikanzniveau* genannt wird. Dies ist die höchstmögliche Wahrscheinlichkeit dafür, dass H_0 zu Unrecht abgelehnt wird; oder anders ausgedrückt, dass wir einen sogenannten *Fehler erster Art* begehen. Häufig benutzte Werte für α sind 0,05 und 0,01. Anhand einer Tabelle der χ^2 - Verteilung wählt man dann eine kritische Zahl u_α so, dass $P(U > u_\alpha) = \alpha$, wobei U eine nach $\chi^2(k-1)$ verteilte Zufallsvariable ist.

Der *Ablehnungsbereich* R für die Hypothese H_0 ist somit definiert durch $U > u_\alpha$. Ergibt also die empirische Stichprobe einen Wert von U, der grösser als u_α ist, so wird der Abstand zwischen theoretischer und empirischer Verteilung als zu gross angesehen. Man lehnt daher die Hypothese H_0 ab, da sie nicht im Einklang mit den beobachteten Daten steht. Die Wahrscheinlichkeit, dass dabei eine falsche Entscheidung getroffen wird, ist gleich α. Ist dagegen $U < u_\alpha$, so wird H_0 angenommen.

Beispiel: Für das im Paragraphen 8.3.1 besprochene Beispiel erhält man

$$u = (5^2 + 3^2 + 2^2 + 3^2 + 6^2 + 3^2)/10 = 9{,}2.$$

Wählt man als Signifikanzniveau 0,05, so ist $u_\alpha = 11{,}1$; auf diesem Niveau liegt also kein Grund vor, die Symmetrie des Würfels ernsthaft in Frage zu stellen. ∎

8.3.3 Bemerkungen

Folgende Bemerkungen sollen die obige Testbeschreibung ergänzen.

- Für praktische Anwendungen kann man davon ausgehen, dass die Stichprobenfunktion U dann annähernd χ^2 - verteilt ist, wenn für jede der theoretischen Häufigkeiten $np_i \geq 4$ ist. Ist diese Bedingung nicht erfüllt, so müssen gewisse der Intervalle I_i zusammengefasst werden.

- Die Tatsache, dass eine Hypothese nicht abgelehnt wird, besagt nicht, dass die Zufallsvariable tatsächlich der vorliegenden Verteilung genügt. Eine empirische Verteilung kann durchaus mit *mehreren* theoretischen Verteilungen übereinstimmen.

- Im Falle $u > u_\alpha$ sagt man gelegentlich, das Testergebnis sei *signifikant* auf dem Niveau α bzw. die theoretische und die empirische Verteilung unterscheiden sich signifikant voneinander.

- Falls wir im obigen Beispiel die Anzahl der Würfe und die Anzahl der beobachteten Werte n_i verdoppeln, d. h. falls n = 120, n_1 = 10, n_2 = 14, n_3 = 24, n_4 = 26, n_5 = 32 und n_6 = 14 , so wird

$$u = (10^2 + 6^2 + 4^2 + 6^2 + 12^2 + 6^2)/20 = 18,4.$$

Selbst bei einem Signifikanzniveau α = 0,005 muss dann die Hypothese abgelehnt werden, dass der Würfel symmetrisch sei!

- In Paragraph 8.3.2 wurde vorausgesetzt, die Wahrscheinlichkeitsdichte $f_0(x)$ sei vollständig bekannt. Häufig enthält jedoch $f_0(x)$ einen oder mehrere unbekannte Parameter. Dann müssen diese Parameter zuerst anhand der beobachteten Werte geschätzt werden, bevor wir die theoretischen Häufigkeiten np_i berechnen können. Beträgt die Anzahl der zu schätzenden Parameter λ, so kann gezeigt werden, dass die Stichprobenfunktion U einer χ^2 - Verteilung mit Freiheitsgrad k - λ - 1 gehorcht. (s. Aufgabe 8.6.4).

8.4 Parametertests

8.4.1 Einführung

Wie betrachten im folgenden Wahrscheinlichkeitsverteilungen, welche bis auf einen Parameter θ bekannt sind. Hypothesen bezüglich dieses Parameters liegen meist in der Form θ = $θ_0$, θ < $θ_0$ oder θ > $θ_0$ vor. Testmethoden, welche die Überprüfung solcher Hypothesen zum Ziel haben, werden *Parametertests* genannt.

Beispiele:

- Mit Hilfe einer Reihe von Würfen will man überprüfen, ob eine Münze regelmässig ist oder nicht.
- Ein Hersteller eines Kabels möchte feststellen, ob dessen mittlere Bruchlast eine vorgegebene Norm erfüllt.
- Derselbe Hersteller möchte die mittlere Bruchlast durch ein neues Produktionsverfahren erhöhen. Mit Hilfe von Stichproben soll überprüft werden, ob das neue Verfahren tatsächlich besser ist als das alte. ∎

Man testet eine Nullhypothese H_0 bezüglich eines unbekannten Parameters, indem man ein *Entscheidungskriterium* festlegt, welches gestattet, H_0 aufgrund der Stichprobenwerte anzunehmen oder abzulehnen. Bei Parametertests ist es üblich, der Hypothese H_0 eine *Alternativhypothese* H_1 entgegenzustellen, deren Wahl natürlich von der Art der Problemstellung abhängt. Die Ablehnung von H_0 ist dann gleichbedeutend mit der Annahme der Alternative H_1.

Im folgenden Paragraphen konstruieren wir einen Parametertest für den häufig auftretenden Fall, in dem der Mittelwert einer Zufallsvariablen mit einem Nominalwert oder Sollwert verglichen werden soll.

8.4.2 Vergleich eines Mittelwerts mit einem Sollwert

Gegeben sei eine normalverteilte Zufallsvariable X mit unbekanntem Erwartungswert μ und bekannter Varianz σ^2. Im Paragraphen 7.3.2 wurde für den unbekannten Parameter μ ein Vertrauensintervall konstruiert.

Wir gehen nun davon aus, dass wir aus bestimmten Gründen annehmen können, μ sei gleich einem gegebenen Sollwert μ_0. Es soll ein Testverfahren konstruiert werden, um eine Entscheidung zwischen den Hypothesen H_0: $\mu = \mu_0$ und H_1: $\mu \neq \mu_0$ herbeizuführen. Dazu verwenden wir die Stichprobenfunktion $\bar{X}$, welche unter der Voraussetzung H_0 eine erwartungstreue Schätzfunktion von μ_0 darstellt. Man nennt sie in diesem Zusammenhang auch *Prüffunktion*. Ihre Wahrscheinlichkeitsverteilung ist bekanntlich die Normalverteilung $N(\mu, \sigma^2/n)$.

Über die Annahme oder Ablehnung von H_0 entscheidet man aufgrund der von $\bar{X}$ angenommenen Werte. Dies bedeutet, dass man die Wertemenge von $\bar{X}$, d.h. die reelle Achse in zwei Teilbereiche zerlegt: $\mathbb{R} = R \cup \bar{R}$; R heisst dabei *Ablehnungsbereich* oder *kritischer Bereich*, sein Komplement $\bar{R}$ *Annahmebereich* für die Nullhypothese H_0. Man erhält somit folgende Entscheidungsvorschrift:

- falls $\bar{X} \in R$, so wird H_0 abgelehnt und H_1 angenommen
- falls $\bar{X} \in \bar{R}$, so wird H_0 angenommen.

Bezüglich der Fehler, die bei allen statistischen Entscheidungen auftreten können, unterscheidet man zwei Arten:

- Ein Fehler 1. Art besteht darin, die Hypothese H_0 zu Unrecht abzulehnen. Die grösstzulässige Wahrscheinlichkeit α eines solchen Fehlers wird als *Irrtumswahrscheinlichkeit* oder *Signifikanzniveau* bezeichnet: $\alpha = P(\bar{X} \in R / H_0)$; im allgemeinen wird α vorgegeben.

- Ein Fehler 2. Art liegt vor, wenn die Hypothese H_0 zu Unrecht angenommen wird. Die zugehörige Wahrscheinlichkeit $\beta = P(\bar{X} \in \bar{R}/H_1)$ hängt nicht nur von α, sondern auch vom tatsächlichen Wert des Parameters μ ab. Der Ausdruck $1 - \beta$ heisst auch *Mächtigkeit des Tests*.

Für die *praktische Konstruktion* des Ablehnungsbereichs R ist es naheliegend, diejenigen Werte von R zusammenzufassen, welche mit H_0 am wenigsten in Einklang stehen, d. h. die möglichst weit von μ_0 entfernt sind. Da bei zutreffender Hypothese H_0 die Stichprobenfunktion $Z = (\bar{X} - \mu_0)/(\sigma/\sqrt{n})$ standardnormalverteilt ist, folgt

$$P(|\bar{X} - \mu_0| > z_{\alpha/2} \sigma/\sqrt{n}) = \alpha;$$

$z_{\alpha/2}$ ist wiederum definiert durch $\Phi(z_{\alpha/2}) = 1 - \alpha/2$. Der so festgelegte Ablehnungsbereich R ist symmetrisch also bezüglich μ_0 und besteht aus den zwei Intervallen

$$\bar{X} < \mu_0 - z_{\alpha/2} \sigma/\sqrt{n} \quad \text{und} \quad \bar{X} > \mu_0 + z_{\alpha/2} \sigma/\sqrt{n}.$$

Ist der Stichprobenumfang genügend gross, so kann, ähnlich wie beim entsprechenden Schätzverfahren, auf die Voraussetzung verzichtet werden, dass X normalverteilt sei (s. folgendes Beispiel).

Beispiel (Einstellung einer Maschine): Ein Maschine stellt Metallteile der nominalen Länge 8,30 cm her. Die bei dem Herstellungsverfahren unvermeidlichen Schwankungen entsprechen einer Standardabweichung von 0,6 cm. Aufgrund einer Stichprobe des Umfangs n = 100 soll ein Test ermittelt werden, der die einwandfreie Einstellung der Maschine überprüft. Wie lautet die Testentscheidung bei einem Stichprobenmittel von 8,40 cm und einem Signifikanzniveau von 0,05?

Man testet hier die Hypothese $H_0 : \mu = 8,30$ gegen $H_1 : \mu \neq 8,30$. Der Ablehnungsbereich R besteht also aus

$$\bar{X} < 8,30 - 1,96 \cdot 0,6/10$$

und

$$\bar{X} > 8,30 + 1,96 \cdot 0,6/10,$$

d. h. aus $\bar{X} < 8,18$ und $\bar{X} > 8,42$. Da somit $\bar{x} = 8,40$ zu $\bar{R}$ gehört, entscheidet man, die Einstellung der Machine nicht zu ändern. ∎

8.4.3 Allgemeine Hinweise zu Parametertests

Um weitere Parametertests herzuleiten, geht man grundsätzlich ähnlich vor wie im obigen Paragraphen. Allgemein umfasst jedes Testverfahren die folgenden Schritte:

- Man bestimmt für den zu untersuchenden Parameter die Nullhypothese H_0 sowie ihre Alternative H_1.

- Signifikanzniveau α und Stichprobenumfang n werden der Problemstellung entsprechend festgelegt.

- Mit Hilfe einer Stichprobenfunktion T, deren Verteilung bei zutreffendem H_0 bekannt ist, definiert man den Ablehnungsbereich R so, dass $P(T \in R/H_0) = \alpha$. R umfasst diejenigen Werte von T, welche die Hypothese H_0 am ehesten widerlegen und somit H_1 bestätigen.

- Man berechnet die Wahrscheinlichkeit β des zugehörigen Fehlers 2. Art. Fällt β zu gross aus, so müssen n und/oder α anders gewählt werden.

- Schliesslich wird eine Reihe von n Versuchen durchgeführt und aufgrund des erhaltenen Stichprobenwertes eine Entscheidung getroffen.

Folgende *Bemerkungen* sollen diese allgemeine Beschreibung ergänzen:

- Um die Gültigkeit einer Hypothese H_0 zu testen, kann man *verschiedene* Entscheidungvorschriften aufstellen, d. h. verschiedene Ablehnungsbereiche R konstruieren (s. a. § 8.4.4). Oft wählt man z. B. R so, dass β minimal wird. Wir möchten in diesem Zusammenhang darauf hinweisen, dass jede Verkleinerung des Fehlers α zu einer Vergrösserung des Fehlers β führt.

- Nimmt die Prüffunktion T einen zu R gehörigen Wert an, so schlossen wir bisher auf Annahme der Hypothese H_0. Vorsichtiger wäre jedoch zu sagen, dass aufgrund der vorliegenden Stichprobenwerte H_0 nicht abgelehnt werden kann. Dies führt oft dazu, dass Nullhypothesen mit dem Ziel gewählt werden, sie zu verwerfen, um auf diese Weise eine Klärung des Sachverhalts herbeizuführen. Je grösser dabei n ist, um so grösser ist die Wahrscheinlichkeit, eine falsche Hypothese als solche zu erkennen und abzulehnen.

- Bei der Normalverteilung, welche von *zwei* Parametern μ und $σ^2$ abhängt, kann man Hypothesen bezüglich eines Parameters testen, ohne dass der andere bekannt sein muss (s. Aufgaben 8.6.17 und 8.6.18).

- Im Falle diskreter Zufallsvariablen ist es oft nicht möglich, R so zu bestimmen, dass die Wahrscheinlichkeit für das Auftreten eines Fehlers 1. Art genau den Wert α annimmt.

Beispiel: Sei X eine poissonverteilte Zufallsvariable. Es soll die Hypothese $H_0 : λ = 0{,}5$ gegen die Alternative $H_1 : λ = 1$ getestet werden. Man berechne den Ablehnungsbereich R für $α ≤ 0{,}10$ und $n = 2$. Wie gross ist der entsprechende Wert von β?

Wir betrachten die Stichprobenfunktion $T = X_1 + X_2$, welche nach $P(2λ)$ verteilt ist. Anhand der Tabelle der Poissonverteilung ermittelt man, dass $P(T ≥ c | λ = 0{,}5) = 0{,}0803$, falls $c = 3$, somit ist $R = \{T ≥ 3\}$. Weiter erhält man $β = P(T < 2 | λ = 1) = 0{,}68$. ∎

Beispiel: Man löse dasselbe Problem für $α = 0{,}05$ und $n = 32$.

Die Stichprobenfunktion $T = X_1 + X_2 + ... + X_{32}$ ist annähernd nach $N(32λ, 32λ)$ normalverteilt. Daher wird $R = \{T ≥ 23\}$ und weiter $β = P(T < 22 | λ = 1) = 0{,}0466$. ∎

8.4.4 Zweiseitige und einseitige Tests

Bei dem in Paragraph 8.4.2 vorgestellten Parametertest umfasst der Ablehnungsbereich R diejenigen Werte von $\bar{X}$, welche sich mit H_0 am wenigsten vertragen, d. h. die im Vergleich zum Sollwert μ_0 eindeutig zu gross oder zu klein sind. Diese Art von Test nennt man *zweiseitig*.

In manchen Situationen ist es aber z. B. bedeutungslos, ob der unbekannte Wert μ grösser als ein Sollwert μ_0 ist; man möchte nur sicher sein, dass μ nicht zu klein ist. In diesem Fall erweist sich ein *einseitiger Test* als zweckmässiger, bei welchem R nur solche Werte von $\bar{X}$ enthält, die eindeutig zu klein sind.

Beispiel (Lebensdauer eines technischen Geräts): Ein Hersteller gibt als mittlere Lebensdauer eines technischen Geräts 400 h an. Vor Aufgabe einer umfangreichen Bestellung testet man dies anhand einer Stichprobe von n = 25 Geräten; als Stichprobenmittel erhält man 378,1 h. Welche Entscheidung wird man bei einem Signifikanzniveau von 0,05 und einer angenommenen Standardabweichung von σ = 60 h treffen?

Es stehen hier die beiden Hypothesen H_0: μ = 400 und H_1: μ < 400 zur Wahl. Die Stichprobenfunktion $Z = (\bar{X} - \mu_0)/(\sigma/\sqrt{n})$ ist standardnormalverteilt. Der Ablehnungsbereich R, welcher diejenigen Werte enthält, die H_1 am ehesten belegen, besteht hier aus einem einzigen Intervall $(-\infty, c)$. Um den kritischen Wert c zu berechnen, wählt man z_α so, dass $P(Z < -z_\alpha) = \alpha$, was mit $\Phi(z) = 1 - \alpha$ gleichbedeutend ist. Somit ist R durch

$$\bar{X} < \mu_0 - z_\alpha \sigma/\sqrt{n}$$

festgelegt, oder, unter Berücksichtigung der numerischen Werte, durch $\bar{X}$ < 380,3. Der beobachtete Mittelwert $\bar{x}$ = 378,1 gehört somit zu R, der Abstand zwischen $\bar{x}$ und μ_0 kann also mit ziemlicher Sicherheit nicht durch zufällige Schwankungen im Produktionsprozess erklärt werden. Die Angabe des Herstellers wird deshalb zurückgewiesen.

Man beachte, dass hier ein *zweiseitiger* Test mit der Alternative H_1: $\mu \neq 400$ als Ablehnungsbereich

$$\bar{X} < 376,5 \quad \text{oder} \quad \bar{X} > 423,5$$

ergibt, womit H_0 nicht abgelehnt werden kann. ∎

Ein weiteres Beispiel eines einseitigen Testverfahrens ist der in Paragraph 8.3.2 erläuterte χ^2 - Test. Es sei darauf hingewiesen, dass man beim χ^2 - Anpassungstest der Hypothese H_0 keine Alternativhypothese gegenüberstellt; man kann deshalb in diesem Fall nicht von einem Fehler 2. Art sprechen.

8.4.5 Parametertests und Intervallschätzung

Vergleicht man die oben beschriebenen Testmethoden mit den im vorangehenden Kapitel besprochenen Verfahren zur Intervallschätzung, so liegt die Vermutung nahe, dass ein enger Zusammenhang besteht zwischen der Bestimmung eines Vertrauensintervalls für einen unbekannten Parameter θ und der Konstruktion eines Parametertests bezüglich θ. Um diesen Zusammenhang genauer zu erforschen, greifen wir nochmals das Beispiel einer Normalverteilung mit unbekanntem Erwartungswert μ auf.

Im Paragraphen 7.3.2 wurde gezeigt, dass ein Vertrauensintervall I für μ zum Niveau $1 - \alpha$ die Form

$$I = [\bar{X} - z_{\alpha/2}\sigma/\sqrt{n}, \bar{X} + z_{\alpha/2}\sigma/\sqrt{n}]$$

besitzt. Dies bedeutet, dass ein gegebener Wert μ_0 genau dann mit dem Stichprobenmittel $\bar{X}$ in Einklang steht, wenn er im Intervall I liegt, d. h. falls

$$|\bar{X} - \mu| < z_{\alpha/2}\,\sigma/\sqrt{n};$$

andernfalls ist die Hypothese $\mu = \mu_0$ nicht haltbar.

Testen wir nun die Hypothese H_0: $\mu = \mu_0$ gegen die Alternative H_1: $\mu \neq \mu_0$. Nach Paragraph 8.4.2 ist der Annahmebereich R zum Signifikanzniveau α definiert durch

$$\mu_0 - z_{\alpha/2}\,\sigma/\sqrt{n} < \bar{X} < \mu_0 + z_{\alpha/2}\,\sigma/\sqrt{n},$$

was gleichbedeutend ist mit

$$|\bar{X} - \mu| < z_{\alpha/2}\,\sigma/\sqrt{n}.$$

Man stellt also fest, dass die Hypothese $\mu = \mu_0$ gleichzeitig von beiden Verfahren angenommen oder abgelehnt wird, wobei

Vertrauensniveau der Schätzung = 1 - Signifikanzniveau des Tests.

Die beiden Methoden sind also bezüglich der getroffenen Entscheidung äquivalent.

8.5 Unabhängigkeitstests

8.5.1 Unabhängigkeit zweier Ereignisse

Bei zahlreichen Problemen der Wahrscheinlichkeitsrechnung geht man davon aus, dass zwei Ereignisse oder zweier Zufallsvariablen desselben stochastischen Experiments unabhängig sind. Das folgende Verfahren ermöglicht, solche Hypothesen für den Fall zweier Ereignisse zu überprüfen. Es stützt sich auf die χ^2 - Verteilung und soll an einem Beispiels erläutert werden.

8.5 Unabhängigkeitstests

Beispiel: Wir wollen die Hypothese H_0 überprüfen, dass zwei Maschinen unabhängig voneinander funktionieren. Die Ergebnisse von 100 zufällig durchgeführten Kontrollen sind in Tabelle 8.2 aufgeführt; sie stellen die *beobachteten Häufigkeiten* des vorliegenden Zufallsexperiments dar.

Tabelle 8.2

	B	$\bar{B}$	
A	50	10	60
$\bar{A}$	20	20	40
	70	30	100

Dabei bedeutet das Ereignis A (bzw. B), dass die erste (bzw. zweite) Maschine zum Zeitpunkt der Kontrolle läuft. Z. B. wurden also in 20 von 100 Fällen beide Maschinen in defektem Zustand angetroffen. Die derart ermittelten Wahrscheinlichkeiten betragen $P(A) = 0{,}60$, $P(B) = 0{,}70$ und $P(A \cap B) = 0{,}50$. Es stellt sich also die Frage, ob die beobachtete Differenz zwischen den Wahrscheinlichkeiten $P(A \cap B)$ und $P(A)P(B) = 0{,}42$ genügend gross ist, um die Hypothese H_0 abzulehnen.

Sind A und B unabhängig, d. h. trifft H_0 zu, so lassen sich anhand der Randhäufigkeiten der Tabelle 8.2 die in Tabelle 8.3 angeführten *theoretischen Häufigkeiten* bestimmen.

Tabelle 8.3

	B	$\bar{B}$	
A	42	18	60
$\bar{A}$	28	12	40
	70	30	100

Ähnlich wie in Abschnitt 8.3 ist somit eine empirische Verteilung mit einer aufgrund von H_0 ermittelten theoretischen Verteilung zu vergleichen. Dazu führen wir wieder den durch

$$u = (50-42)^2/42 + (10-18)^2/18 + (20-28)^2/28 + (20-12)^2/12$$
$$= 12{,}70$$

definierten Abstand der beiden Verteilungen ein. Man kann zeigen, dass u Realisierung einer Zufallsvariablen ist, welche im wesentlichen einer χ^2-Verteilung mit Freiheitsgrad 1 unterliegt. Selbst für ein sehr kleines

Signifikanzniveau wie z. B. $\alpha = 0{,}005$ wird man also die Hypothese H_0 ablehnen, da $u_\alpha = 7{,}88 < 12{,}70$. ∎

Allgemein kenne man bei einer Stichprobe vom Umfang n die Häufigkeiten N_{11}, N_{12}, N_{21} und N_{22} der Ereignisse $A \cap B$, $A \cap \bar{B}$, $\bar{A} \cap B$ und $\bar{A} \cap \bar{B}$. Die auf H_0 abgestützten theoretischen Häufigkeiten sind dann

$$T_{ij} = N_{i.} \, N_{.j} / n,$$

die zugehörigen Randhäufigkeiten

$$N_{i.} = N_{i1} + N_{i2},$$
$$N_{.j} = N_{1j} + N_{2j}.$$

Die Stichprobenfunktion

$$U = \sum_{i,j=1}^{2} (N_{ij} - T_{ij})^2 / T_{ij}$$

ist dann asymptotisch χ^2-verteilt mit Freiheitsgrad 1.

8.5.2 Unabhängigkeit zweier Merkmale

Bei vielen Anwendungen möchte man ein zufällig aus einer Bevölkerung ausgewähltes Individuum nach verschiedenen Gesichtspunkten einordnen. Die zugehörigen Merkmale können qualitativer oder quantitativer Art sein; im zweiten Fall stellen sie diskrete Zufallsvariable dar. Es kann dann von Interesse sein, zu wissen, ob solche Merkmale unabhängig sind oder ob eine stochastische Abhängigkeit zwischen ihnen besteht.

Beispiele:

- Anlässlich von Parlamentswahlen möchte man wissen, ob die Entscheidung eines Wählers für eine bestimmte Partei von seinem Alter abhängt.

- Man möchte untersuchen, ob die Anzahl der Kinder in einer Familie von deren Religionszugehörigkeit abhängt.

- Es liegen zwei Impfstoffe vor; man möchte überprüfen, ob Unterschiede hinsichtlich ihrer Wirksamkeit bestehen. ∎

Falls jedes der betrachteten Merkmale in genau zwei verschiedenen Ausprägungen vorkommt, so lässt sich ihre Unabhängigkeit nach dem im vorherigen Paragraphen beschriebenen Modell testen. Die Übertragung auf den allgemeinen Fall ist ohne weiteres möglich; können nämlich die beiden Merkmale r bzw. s verschiedene Ausprägungen annehmen, so besitzt die entsprechende χ^2-Verteilung den Freiheitsgrad $(r-1)(s-1)$.

8.5.3 Unabhängigkeit zweier normalverteilter Variablen

Abschliessend betrachten wir noch den Fall zweier Zufallsvariablen, die einer zweidimensionalen Normalverteilung unterliegen; ihre Unabhängigkeit kann dann mit Hilfe eines Parametertests überprüft werden.

Im Abschnitt 5.2 wurde der Korrelationskoeffizient $\rho_{x,y}$ eingeführt, welcher den Grad der linearen Abhängigkeit zweier Zufallsvariablen festlegt. Häufig kennen wir jedoch die Verteilung der beiden Zufallsvariablen nicht, sondern es liegen uns die Resultate einer Stichprobe $\{(X_1, Y_1), (X_2, Y_2), ..., (X_n, Y_n)\}$ vor.

Man kann nun zeigen, dass die *Stichprobenkovarianz*

$$S_{xy} = \sum_{k=1}^{n} (X_k - \overline{X})(Y_k - \overline{Y})/(n-1)$$

eine erwartungstreue Schätzfunktion der Kovarianz Cov(X, Y) ist; genau wie bei der Bestimmung der Varianzen verwendet man meistens die äquivalente Beziehung:

$$S_{xy} = \left[\sum_{k=1}^{n} (X_k Y_k - n\overline{XY})\right]/(n-1).$$

Die Stichprobenfunktion

$$R_{xy} = S_{xy}\Big/\sqrt{S_x^2 S_y^2}$$

ist dann offensichtlich eine Schätzfunktion von $\rho_{x,y}$, welche jedoch im allgemeinen nicht erwartungstreu ist.

Wir nehmen jetzt an, dass die Variablen X und Y einer zweidimensionalen Normalverteilung gehorchen (s. zweites Beispiel aus Paragraph 5.2.2). Dann kann gezeigt werden, dass aus der Unkorreliertheit von X und Y, d. h. aus $\rho_{x,y} = 0$, stets die Unabhängigkeit der beiden Variablen folgt. Die Unabhängigkeitshypothese H_0 kann somit in der Form $\rho_{x,y} = 0$ formuliert werden. Trifft H_0 zu, so kann bewiesen werden, dass die Stichprobenfunktion

$$T = R_{xy}\sqrt{n-2}\Big/\sqrt{1 - R_{xy}^2}$$

einer Studentverteilung mit Freiheitsgrad n - 2 unterliegt. Wie üblich bestimmt man $t_{\alpha/2}$ so, dass $P(T > t_{\alpha/2}) = \alpha/2$. Die Ungleichung

$$|T| > t_{\alpha/2}$$

definiert den Ablehnungsbereich für die Hypothese H_0 und ermöglicht somit, die Unabhängigkeit von X und Y zu überprüfen.

Beispiel: Aufgrund einer Stichprobe des Umfangs n = 11 berechnet man den empirischem Korrelationskoeffizienten $\rho_{x,y} = 0{,}287$. Kann man dann bei einer Irrtumswahrscheinlichkeit von 0,10 schliessen, dass die normalverteilten Zufallsvariablen X und Y unabhängig sind?

Wir testen hier die Hypothese H_0: $\rho_{x,y} = 0$ gegen die Alternative H_1: $\rho_{x,y} \neq 0$.
Der Ablehnungsbereich R lautet somit $|T| > t_{0,05} = 1,833$. Andererseits ist

$$t = 0,287 \cdot 3/\sqrt{1 - 0,287^2} = 0,899 \, ;$$

daher kann die Hypothese H_0 nicht abgelehnt werden. ∎

Beispiel: Wie gross hätte im vorigen Beispiel der notwendige Stichprobenumfang sein müssen, um H_0 ablehnen zu können? (Die übrigen numerischen Werte werden beibehalten).

Man erhält für

n = 32:   t = 1,641   und $t_{0,05}$ = 1,697

n = 35:   t = 1,772   und $t_{0,05}$ = 1,690 .

Durch Interpolation bestimmt man n = 35. ∎

8.6 Aufgaben

8.6.1 Sei X eine normalverteilte Zufallsvariable mit Varianz $\sigma^2 = 25$. Aufgrund einer Stichprobe des Umfangs n = 9 soll die Hypothese H_0: $\mu = 0$ gegen die Hypothese H_1: $\mu = 3$ getestet werden.

a) Man konstruiere einen Ablehnungsbereich falls $\alpha = 0,05$.

b) Man berechne die Fehlerwahrscheinlichkeit β.

8.6.2 a) Man wirft eine Münze dreimal, um so die Hypothese H_0: P(Zahl) = 1/2 gegen die Alternative H_1: P(Zahl) = 3/4 zu testen. Die Hypothese H_0 werde abgelehnt, falls dreimal "Zahl" fällt. Man berechne die Wahrscheinlichkeiten für die Fehler erster und zweiter Art.

b) Die Münze werde nun n = 25 Mal geworfen und man wähle $\alpha = 0,05$. Bestimme einen Ablehnungsbereich R und berechne sodann den Fehler β. (Man setze X = Anzahl "Zahl").

8.6.3 Nach 150-maligem Wurf einer Münze erhält man 91-mal "Kopf" und 59-mal "Zahl". Anhand des χ^2 - Tests soll geprüft werden, ob es sich um eine symmetrische Münze handelt ($\alpha = 0,01$).

8.6.4 In einem Rechenzentrum werde die Anzahl X der Ausfälle pro Woche als eine Zufallsvariable betrachtet. In einem Zeitraum von 100 Wochen stellt man folgende Ausfallzahlen fest:

Ausfälle/Woche	0	1	2	3	4	5	6
Anzahl der Wochen	59	26	8	3	2	1	1

Man überprüfe die Hypothese H_0, dass X poissonverteilt ist ($\alpha = 0,01$).

8.6.5 Man löse die Aufgabe 7.7.8 mit Hilfe eines χ^2 - Tests bei einer Irrtumswahrscheinlichkeit 0,05. (Man teste die Unabhängigkeit der Ereignisse G_1 = "ein Tier gehört zur Gruppe G_1" und G = "ein Tier wird gesund".)

8.6.6 X und Y seien zwei unabhängige standardnormalverteilte Zufallsvariable. Man zeige, dass dann $Z = X^2 + Y^2$ einer χ^2- Verteilung mit Freiheitsgrad 2 gehorcht. (Man berechne das erhaltene Doppelintegral mit Hilfe von Polarkoordinaten).

8.6.7 Die Bruchlast einer bestimmten Kabelsorte wird als annähernd normalverteilte Zufallsvariable angenommen. Der Hersteller gibt an, dass die zugehörige Standardabweichung 30 N nicht übersteigt. Um diese Behauptung zu überprüfen, führt man einen Versuch mit 10 Kabeln durch und erhält dabei eine empirische Standardabweichung von 39,5 N. Wie wird man bei einer Irrtumswahrscheinlichkeit von 0,05 entscheiden?

8.6.8 Um die unbekannte Varianz σ^2 einer normalverteilten Zufallsvariablen zu schätzen, führt man n = 21 Versuche durch, welche aus praktischen Gründen in drei Versuchsreihen mit jeweils 7 Versuchen unterteilt werden. Man bestimme ein 95% - Vertrauensintervall für σ^2, falls

a) die für die gesamte Stichprobe berechnete empirische Varianz gleich $s^2 = 12,5$ ist.

b) die versehentlich für jede der drei Serien einzeln berechneten empirischen Varianzen $s_1^2 = 13$, $s_2^2 = 10$, $s_3^2 = 15$ betragen.

8.6.9 Die Zufallsvariable U unterliege einer Γ-Verteilung mit den Parametern λ und n.

a) Man bestimme die Verteilung von Y = a U (a > 0).

b) Sei X eine mit Parameter λ exponentialverteilte Zufallsvariable. Man zeige, dass $W = 2\lambda n \bar{X}$ einer χ^2 - Verteilung mit Freiheitsgrad 2n genügt. ($\bar{X}$ ist das Mittel einer Stichprobe vom Umfang n).

c) Mit Hilfe des in b) erhaltenen Ergebnisses konstruiere man ein 95% - Vertrauensintervall für $\mu = 1/\lambda$. (Man gehe dabei von den Werten $\bar{x} = 10$ und n = 20 aus.)

d) Man vergleiche das in c) erhaltene Resultat mit dem in Paragraph 7.3.4 näherungsweise gewonnenen Vertrauensintervall.

8.6.10 Die Hypothese, dass die Wahrscheinlichkeit eines Ereignisses gleich p_0 ist, lässt sich auf zwei verschiedene Arten überprüfen:

- Man fasst p_0 als Parameter einer bernoulliverteilten Zufallsvariablen X auf und führt einen Parametertest durch.
- Man wendet den χ^2 - Test an.

Beweise die Äquivalenz der beiden Verfahren.

8.6.11 Für den in Paragraph 5.4.3 definierten Poissonprozess $\{Y(t) ; t \geqslant 0\}$ zeige man die Äquivalenz der folgenden Ereignispaare:

- "$Y(t) \leqslant n$" und "$X_{n+1} > t$"
- "$Y(t) \geqslant n$" und "$X_n \leqslant t$".

Dabei ist X_n der Zeitpunkt des n-ten Ausfalls und $Y(t)$ die Anzahl der im Intervall $[0, t]$ auftretenden Ausfälle.

8.6.12 Für den gleichen stochastischen Prozess $\{Y(t) ; t \geqslant 0\}$ beweise man, dass

$$P(Y(t) = n) = e^{-\lambda t}(\lambda t)^n / n! \qquad (n = 0, 1, 2, \ldots).$$

(Man verwende das Ergebnis von Aufgabe 8.6.11 und berechne $P(Y(t) = n) = P(X_n \leqslant t) - P(X_{n+1} \leqslant t)$.)

8.6.13 X sei eine nach $P(\lambda)$ verteilte Zufallsvariable. Man zeige, dass

- $P(X \leqslant n) = P(U_{2(n+1)} > 2\lambda)$
- $P(X \geqslant n) = P(U_{2n} < 2\lambda)$,

wobei die Zufallsvariable U_k einer χ^2 - Verteilung mit Freiheitsgrad k unterliegt. (Man betrachte einen Poisson - Prozess der Intensität $\lambda = 1$ während des Intervalls $[0, \lambda]$.)

8.6.14 Sei $\{x_1, x_2, \ldots, x_n\}$ die empirische Stichprobe einer poissonverteilten Zufallsvariablen X und $t = x_1 + x_2 + \ldots + x_n$. Seien weiter u_1 und u_2 definiert durch

$$P(U_{2t} < u_1) = P(U_{2(t+1)} > u_2) = \alpha/2,$$

wobei die Zufallsvariable U_k einer χ^2 - Verteilung mit Freiheitsgrad k genügt. Man zeige, dass durch

$$u_1/2n \leqslant \lambda \leqslant u_2/2n$$

ein Vertrauensintervall zum Niveau $(1 - \alpha)$ für den unbekannten Parameter λ bestimmt ist. (Man betrachte zuerst den Fall $n = 1$ und folge sodann den Überlegungen aus Paragraph 7.5.3 unter Verwendung des Ergebnisses von Aufgabe 8.6.13.)

8.6.15 Man zeige, dass $\Gamma(1) = 1$ und $\Gamma(1/2) = \sqrt{\pi}$.

8.6.16 Für die Normalverteilung zeige man, dass die Variable $U = S^{*2} n/\sigma^2$ einer χ^2 - Verteilung mit Freiheitsgrad n unterliegt; S^{*2} ist dabei die in Paragraph 7.2.4 definierte Stichprobenfunktion.

8.6.17 Für eine normalverteilte Zufallsvariable X soll die Hypothese H_0: $\mu = 10$ gegen H_1 : $\mu < 10$ getestet werden. Bestimme den Ablehnungsbereich R. Man nehme dabei an, dass $n = 25$, $\alpha = 0{,}05$ und dass σ^2 unbekannt ist. Welche Entscheidung wird man für $\bar{x} = 9{,}1$ und $s^2 = 17{,}8$ treffen? (Verwende Satz 8.8.)

8.6.18 Für eine normalverteilte Zufallsvariable X soll die Hypothese H_0: $\sigma^2 = 30$ gegen H_1 : $\sigma^2 < 30$ getestet werden. Man nehme dazu an, dass $n = 16$ und $\alpha = 0{,}01$. Welche Entscheidung wird man für $s^2 = 41{,}7$ treffen? (Verwende Satz 8.5).

8.6.19 Man beweise die Gleichungen

- $\int_0^\infty x^n e^{-ax} \, dx = \Gamma(n+1) / a^{n+1}$

- $\int_0^\infty x^n e^{-ax} \, dx = \Gamma((n+1)/2) / 2a^{(n+1)/2}$

für $n = 1, 2, \ldots$ und $a > 0$. Verwende dazu entweder die Rekursionsmethode oder die Definition der Funktion $\Gamma(n)$.

Anhang: Tabellen

- Binomialverteilung
- Poissonverteilung
- Standardnormalverteilung
- Studentverteilung
- χ^2-Verteilung

Binomialverteilung: Tabelle der Wahrscheinlichkeiten

$$P(X \leq c) = \sum_{k=0}^{c} \binom{n}{k} p^k (1-p)^{n-k}$$

c	p	.05	.10	.20	.30	.40	.50	.60	.70	.80	.90	.95
n=2	0	.902	.810	.640	.490	.360	.250	.160	.090	.040	.010	.002
	1	.997	.990	.960	.910	.840	.750	.640	.510	.360	.190	.097
	2	1.000	1.000	1.000	1.000	1.000	1.000	1.000	1.000	1.000	1.000	1.000
n=3	0	.857	.729	.512	.343	.216	.125	.064	.027	.008	.001	.000
	1	.993	.972	.896	.784	.648	.500	.352	.216	.104	.028	.007
	2	1.000	.999	.992	.973	.936	.875	.784	.657	.488	.271	.143
	3	1.000	1.000	1.000	1.000	1.000	1.000	1.000	1.000	1.000	1.000	1.000
n=4	0	.815	.656	.410	.240	.130	.063	.026	.008	.002	.000	.000
	1	.986	.948	.819	.652	.475	.313	.179	.084	.027	.004	.000
	2	1.000	.996	.973	.916	.821	.688	.525	.348	.181	.052	.014
	3	1.000	1.000	.998	.992	.974	.938	.870	.760	.590	.344	.185
	4	1.000	1.000	1.000	1.000	1.000	1.000	1.000	1.000	1.000	1.000	1.000
n=5	0	.774	.590	.328	.168	.078	.031	.010	.002	.000	.000	.000
	1	.977	.919	.737	.528	.337	.188	.087	.031	.007	.000	.000
	2	.999	.991	.942	.837	.683	.500	.317	.163	.058	.009	.001
	3	1.000	1.000	.993	.969	.913	.813	.663	.472	.263	.081	.023
	4	1.000	1.000	1.000	.998	.990	.969	.922	.832	.672	.410	.226
	5	1.000	1.000	1.000	1.000	1.000	1.000	1.000	1.000	1.000	1.000	1.000
n=6	0	.735	.531	.262	.118	.047	.016	.004	.001	.000	.000	.000
	1	.967	.886	.655	.420	.233	.109	.041	.011	.002	.000	.000
	2	.998	.984	.901	.744	.544	.344	.179	.070	.017	.001	.000
	3	1.000	.999	.983	.930	.821	.656	.456	.256	.099	.016	.002
	4	1.000	1.000	.998	.989	.959	.891	.767	.580	.345	.114	.033
	5	1.000	1.000	1.000	.999	.996	.984	.953	.882	.738	.469	.265
	6	1.000	1.000	1.000	1.000	1.000	1.000	1.000	1.000	1.000	1.000	1.000
n=7	0	.698	.478	.210	.082	.028	.008	.002	.000	.000	.000	.000
	1	.956	.850	.577	.329	.159	.063	.019	.004	.000	.000	.000
	2	.996	.974	.852	.647	.420	.227	.096	.029	.005	.000	.000
	3	1.000	.997	.967	.874	.710	.500	.290	.126	.033	.003	.000
	4	1.000	1.000	.995	.971	.904	.773	.580	.353	.148	.026	.004
	5	1.000	1.000	1.000	.996	.981	.938	.841	.671	.423	.150	.044
	6	1.000	1.000	1.000	1.000	.998	.992	.972	.918	.790	.522	.302
	7	1.000	1.000	1.000	1.000	1.000	1.000	1.000	1.000	1.000	1.000	1.000
n=8	0	.663	.430	.168	.058	.017	.004	.001	.000	.000	.000	.000
	1	.943	.813	.503	.255	.106	.035	.009	.001	.000	.000	.000
	2	.994	.962	.797	.552	.315	.145	.050	.011	.001	.000	.000
	3	1.000	.995	.944	.806	.594	.363	.174	.058	.010	.000	.000
	4	1.000	1.000	.990	.942	.826	.637	.406	.194	.056	.005	.000
	5	1.000	1.000	.999	.989	.950	.855	.685	.448	.203	.038	.006
	6	1.000	1.000	1.000	.999	.991	.965	.894	.745	.497	.187	.057
	7	1.000	1.000	1.000	1.000	.999	.996	.983	.942	.832	.570	.337
	8	1.000	1.000	1.000	1.000	1.000	1.000	1.000	1.000	1.000	1.000	1.000
n=9	0	.630	.387	.134	.040	.010	.002	.000	.000	.000	.000	.000
	1	.929	.775	.436	.196	.071	.020	.004	.000	.000	.000	.000
	2	.992	.947	.738	.463	.232	.090	.025	.004	.000	.000	.000
	3	.999	.992	.914	.730	.483	.254	.099	.025	.003	.000	.000
	4	1.000	.999	.980	.901	.733	.500	.267	.099	.020	.001	.000
	5	1.000	1.000	.997	.975	.901	.746	.517	.270	.086	.008	.001
	6	1.000	1.000	1.000	.996	.975	.910	.768	.537	.262	.053	.008
	7	1.000	1.000	1.000	1.000	.996	.980	.929	.804	.564	.225	.071
	8	1.000	1.000	1.000	1.000	1.000	.998	.990	.960	.866	.613	.370
	9	1.000	1.000	1.000	1.000	1.000	1.000	1.000	1.000	1.000	1.000	1.000
n=10	0	.599	.349	.107	.028	.006	.001	.000	.000	.000	.000	.000
	1	.914	.736	.376	.149	.046	.011	.002	.000	.000	.000	.000
	2	.988	.930	.678	.383	.167	.055	.012	.002	.000	.000	.000
	3	.999	.987	.879	.650	.382	.172	.055	.011	.001	.000	.000
	4	1.000	.998	.967	.850	.633	.377	.166	.047	.006	.000	.000
	5	1.000	1.000	.994	.953	.834	.623	.367	.150	.033	.002	.000
	6	1.000	1.000	.999	.989	.945	.828	.618	.350	.121	.013	.001
	7	1.000	1.000	1.000	.998	.988	.945	.833	.617	.322	.070	.012
	8	1.000	1.000	1.000	1.000	.998	.989	.954	.851	.624	.264	.086
	9	1.000	1.000	1.000	1.000	1.000	.999	.994	.972	.893	.651	.401
	10	1.000	1.000	1.000	1.000	1.000	1.000	1.000	1.000	1.000	1.000	1.000

Poissonverteilung: Tabelle der Wahrscheinlichkeiten

$$P(X = k) = e^{-\lambda}\lambda^k/k!$$

λ \ k	0	1	2	3	4	5	6	7	8	9	10	11	12
0,1	0,9048	0,0905	0,0045	0,0002	0,0000								
0,2	0,8187	0,1637	0,0164	0,0011	0,0001	0,0000							
0,3	0,7408	0,2222	0,0333	0,0033	0,0002	0,0000							
0,4	0,6703	0,2681	0,0536	0,0072	0,0007	0,0001	0,0000						
0,5	0,6065	0,3033	0,0758	0,0126	0,0016	0,0002	0,0000						
0,6	0,5488	0,3293	0,0988	0,0198	0,0030	0,0004	0,0000						
0,7	0,4966	0,3476	0,1217	0,0284	0,0050	0,0007	0,0001	0,0000					
0,8	0,4493	0,3595	0,1438	0,0383	0,0077	0,0012	0,0002	0,0000					
0,9	0,4066	0,3659	0,1647	0,0494	0,0111	0,0020	0,0003	0,0000					
1,0	0,3679	0,3679	0,1839	0,0613	0,0153	0,0031	0,0005	0,0001	0,0000				
1,1	0,3329	0,3662	0,2014	0,0738	0,0203	0,0045	0,0008	0,0001	0,0000				
1,2	0,3012	0,3614	0,2169	0,0867	0,0260	0,0062	0,0012	0,0002	0,0000				
1,3	0,2725	0,3543	0,2303	0,0998	0,0324	0,0084	0,0018	0,0003	0,0001	0,0000			
1,4	0,2466	0,3452	0,2417	0,1128	0,0395	0,0111	0,0026	0,0005	0,0001	0,0000			
1,5	0,2231	0,3347	0,2510	0,1255	0,0471	0,0141	0,0035	0,0008	0,0001	0,0000			
1,6	0,2019	0,3230	0,2584	0,1378	0,0551	0,0176	0,0047	0,0011	0,0002	0,0000			
1,7	0,1827	0,3106	0,2640	0,1496	0,0636	0,0216	0,0061	0,0015	0,0003	0,0001	0,0000		
1,8	0,1653	0,2975	0,2678	0,1607	0,0723	0,0260	0,0078	0,0020	0,0005	0,0001	0,0000		
1,9	0,1496	0,2842	0,2700	0,1710	0,0812	0,0309	0,0098	0,0027	0,0006	0,0001	0,0000		
2,0	0,1353	0,2707	0,2707	0,1804	0,0902	0,0361	0,0120	0,0034	0,0009	0,0002	0,0000		
2,2	0,1108	0,2438	0,2681	0,1966	0,1082	0,0476	0,0174	0,0055	0,0015	0,0004	0,0001	0,0000	
2,4	0,0907	0,2177	0,2613	0,2090	0,1254	0,0602	0,0241	0,0083	0,0025	0,0007	0,0002	0,0000	
2,6	0,0743	0,1931	0,2510	0,2176	0,1414	0,0735	0,0319	0,0118	0,0038	0,0011	0,0003	0,0001	0,0000
2,8	0,0608	0,1703	0,2384	0,2225	0,1557	0,0872	0,0407	0,0163	0,0057	0,0018	0,0005	0,0001	0,0000
3,0	0,0498	0,1494	0,2240	0,2240	0,1680	0,1008	0,0504	0,0216	0,0081	0,0027	0,0008	0,0002	0,0001
3,2	0,0408	0,1304	0,2087	0,2226	0,1781	0,1140	0,0608	0,0278	0,0111	0,0040	0,0013	0,0004	0,0001
3,4	0,0334	0,1135	0,1929	0,2186	0,1858	0,1264	0,0716	0,0348	0,0148	0,0056	0,0019	0,0006	0,0002
3,6	0,0273	0,0984	0,1771	0,2125	0,1912	0,1377	0,0826	0,0425	0,0191	0,0076	0,0028	0,0009	0,0003
3,8	0,0224	0,0850	0,1615	0,2046	0,1944	0,1477	0,0936	0,0508	0,0241	0,0102	0,0039	0,0013	0,0004
4,0	0,0183	0,0733	0,1465	0,1954	0,1954	0,1563	0,1042	0,0595	0,0298	0,0132	0,0053	0,0019	0,0006
5,0	0,0067	0,0337	0,0842	0,1404	0,1755	0,1755	0,1462	0,1044	0,0653	0,0363	0,0181	0,0082	0,0034
6,0	0,0025	0,0149	0,0446	0,0892	0,1339	0,1606	0,1606	0,1377	0,1033	0,0688	0,0413	0,0225	0,0113
7,0	0,0009	0,0064	0,0223	0,0521	0,0912	0,1277	0,1490	0,1490	0,1304	0,1014	0,0710	0,0452	0,0264
8,0	0,0003	0,0027	0,0107	0,0286	0,0573	0,0916	0,1221	0,1396	0,1396	0,1241	0,0993	0,0722	0,0481
9,0	0,0001	0,0011	0,0050	0,0150	0,0337	0,0607	0,0911	0,1171	0,1318	0,1318	0,1186	0,0970	0,0728
10,0	0,0000	0,0005	0,0023	0,0076	0,0189	0,0378	0,0631	0,0901	0,1126	0,1251	0,1251	0,1137	0,0948

Standardnormalverteilung: Tabelle der Funktion

$$A(x) = \Phi(x) - \frac{1}{2} = \frac{1}{\sqrt{2\pi}} \int_0^x \exp[-u^2/2]\, du \quad (x > 0)$$

x	0,00	0,01	0,02	0,03	0,04	0,05	0,06	0,07	0,08	0,09
0,0	0,0000	0,0040	0,0080	0,0120	0,0160	0,0199	0,0239	0,0279	0,0319	0,0359
0,1	0,0398	0,0438	0,0478	0,0517	0,0557	0,0596	0,0636	0,0675	0,0714	0,0754
0,2	0,0793	0,0832	0,0871	0,0910	0,0948	0,0987	0,1026	0,1064	0,1103	0,1141
0,3	0,1179	0,1217	0,1255	0,1293	0,1331	0,1368	0,1406	0,1443	0,1480	0,1517
0,4	0,1554	0,1591	0,1628	0,1664	0,1700	0,1736	0,1772	0,1808	0,1844	0,1879
0,5	0,1915	0,1950	0,1985	0,2019	0,2054	0,2088	0,2123	0,2157	0,2190	0,2224
0,6	0,2258	0,2291	0,2324	0,2357	0,2389	0,2422	0,2454	0,2486	0,2518	0,2549
0,7	0,2580	0,2612	0,2642	0,2673	0,2704	0,2734	0,2764	0,2794	0,2823	0,2852
0,8	0,2881	0,2910	0,2939	0,2967	0,2996	0,3023	0,3051	0,3078	0,3106	0,3133
0,9	0,3159	0,3186	0,3212	0,3238	0,3264	0,3289	0,3315	0,3340	0,3365	0,3389
1,0	0,3413	0,3438	0,3461	0,3485	0,3508	0,3531	0,3554	0,3577	0,3599	0,3621
1,1	0,3643	0,3665	0,3686	0,3708	0,3729	0,3749	0,3770	0,3790	0,3810	0,3830
1,2	0,3849	0,3869	0,3888	0,3907	0,3925	0,3944	0,3962	0,3980	0,3997	0,4015
1,3	0,4032	0,4049	0,4066	0,4082	0,4099	0,4115	0,4131	0,4147	0,4162	0,4177
1,4	0,4192	0,4207	0,4222	0,4236	0,4251	0,4265	0,4279	0,4292	0,4306	0,4319
1,5	0,4332	0,4345	0,4357	0,4370	0,4382	0,4394	0,4406	0,4418	0,4429	0,4441
1,6	0,4452	0,4463	0,4474	0,4484	0,4495	0,4505	0,4515	0,4525	0,4535	0,4545
1,7	0,4554	0,4564	0,4573	0,4582	0,4591	0,4599	0,4608	0,4616	0,4625	0,4633
1,8	0,4641	0,4649	0,4656	0,4664	0,4671	0,4678	0,4686	0,4693	0,4699	0,4706
1,9	0,4713	0,4719	0,4726	0,4732	0,4738	0,4744	0,4750	0,4756	0,4761	0,4767
2,0	0,4772	0,4778	0,4783	0,4788	0,4793	0,4798	0,4803	0,4808	0,4812	0,4817
2,1	0,4821	0,4826	0,4830	0,4834	0,4838	0,4842	0,4846	0,4850	0,4854	0,4857
2,2	0,4861	0,4864	0,4868	0,4871	0,4875	0,4878	0,4881	0,4884	0,4887	0,4890
2,3	0,4893	0,4896	0,4898	0,4901	0,4904	0,4906	0,4909	0,4911	0,4913	0,4916
2,4	0,4918	0,4920	0,4922	0,4925	0,4927	0,4929	0,4931	0,4932	0,4934	0,4936
2,5	0,4938	0,4940	0,4941	0,4943	0,4945	0,4946	0,4948	0,4949	0,4951	0,4952
2,6	0,4953	0,4955	0,4956	0,4957	0,4959	0,4960	0,4961	0,4962	0,4963	0,4964
2,7	0,4965	0,4966	0,4967	0,4968	0,4969	0,4970	0,4971	0,4972	0,4973	0,4974
2,8	0,4974	0,4975	0,4976	0,4977	0,4977	0,4978	0,4979	0,4979	0,4980	0,4981
2,9	0,4981	0,4982	0,4982	0,4983	0,4984	0,4984	0,4985	0,4985	0,4986	0,4986
3,0	0,4987	0,4987	0,4987	0,4988	0,4988	0,4989	0,4989	0,4989	0,4990	0,4990

Studentverteilung: Tabelle der durch

$$P(T_k > t_\alpha) = \alpha$$

definierten Werte t_α, wobei T_k einer Studentverteilung mit k Freiheitsgraden gehorcht.

α / k	0,10	0,05	0,025	0,01	0,005
1	3.078	6.314	12.706	31.821	63.657
2	1.886	2.920	4.303	6.965	9.925
3	1.638	2.353	3.182	4.541	5.841
4	1.533	2.132	2.776	3.747	4.604
5	1.476	2.015	2.571	3.365	4.032
6	1.440	1.943	2.447	3.143	3.707
7	1.415	1.895	2.365	2.998	3.499
8	1.397	1.860	2.306	2.896	3.355
9	1.383	1.833	2.262	2.821	3.250
10	1.372	1.812	2.228	2.764	3.169
11	1.363	1.796	2.201	2.718	3.106
12	1.356	1.782	2.179	2.681	3.055
13	1.350	1.771	2.160	2.650	3.012
14	1.345	1.761	2.145	2.624	2.977
15	1.341	1.753	2.131	2.602	2.947
16	1.337	1.746	2.120	2.583	2.921
17	1.333	1.740	2.110	2.567	2.898
18	1.330	1.734	2.101	2.552	2.878
19	1.328	1.729	2.093	2.539	2.861
20	1.325	1.725	2.086	2.528	2.845
21	1.323	1.721	2.080	2.518	2.831
22	1.321	1.717	2.074	2.508	2.819
23	1.319	1.714	2.069	2.500	2.807
24	1.318	1.711	2.064	2.492	2.797
25	1.316	1.708	2.060	2.485	2.787
26	1.315	1.706	2.056	2.479	2.779
27	1.314	1.703	2.052	2.473	2.771
28	1.313	1.701	2.048	2.467	2.763
29	1.311	1.699	2.045	2.462	2.756
inf.	1.282	1.645	1.960	2.326	2.576

χ^2 - **Verteilung:** Tabelle der durch

$$P(U_k > u_\alpha) = \alpha$$

definierten Werte u_α, wobei U_k einer χ^2 - Verteilung mit k Freiheitsgraden gehorcht.

α \ k	0.005	0.01	0.025	0.05	0.10	0.25	0.50	0.75	0.90	0.95	0.975	0.99	0.995
1	7,88	6,63	5,02	3,84	2,71	1,32	0,455	0,102	0,0158	0,0039	0,0010	0,0002	0,0000
2	10,6	9,21	7,38	5,99	4,61	2,77	1,39	0,575	0,211	0,103	0,0506	0,0201	0,0100
3	12,8	11,3	9,35	7,81	6,25	4,11	2,37	1,21	0,584	0,352	0,216	0,115	0,072
4	14,9	13,3	11,1	9,49	7,78	5,39	3,36	1,92	1,06	0,711	0,484	0,297	0,207
5	16,7	15,1	12,8	11,1	9,24	6,63	4,35	2,67	1,61	1,15	0,831	0,554	0,412
6	18,5	16,8	14,4	12,6	10,6	7,84	5,35	3,45	2,20	1,64	1,24	0,872	0,676
7	20,3	18,5	16,0	14,1	12,0	9,04	6,35	4,25	2,83	2,17	1,69	1,24	0,989
8	22,0	20,1	17,5	15,5	13,4	10,2	7,34	5,07	3,49	2,73	2,18	1,65	1,34
9	23,6	21,7	19,0	16,9	14,7	11,4	8,34	5,90	4,17	3,33	2,70	2,09	1,73
10	25,2	23,2	20,5	18,3	16,0	12,5	9,34	6,74	4,87	3,94	3,25	2,56	2,16
11	26,8	24,7	21,9	19,7	17,3	13,7	10,3	7,58	5,58	4,57	3,82	3,05	2,60
12	28,3	26,2	23,3	21,0	18,5	14,8	11,3	8,44	6,30	5,23	4,40	3,57	3,07
13	29,8	27,7	24,7	22,4	19,8	16,0	12,3	9,30	7,04	5,89	5,01	4,11	3,57
14	31,3	29,1	26,1	23,7	21,1	17,1	13,3	10,2	7,79	6,57	5,63	4,66	4,07
15	32,8	30,6	27,5	25,0	22,3	18,2	14,3	11,0	8,55	7,26	6,26	5,23	4,60
16	34,3	32,0	28,8	26,3	23,5	19,4	15,3	11,9	9,31	7,96	6,91	5,81	5,14
17	35,7	33,4	30,2	27,6	24,8	20,5	16,3	12,8	10,1	8,67	7,56	6,41	5,70
18	37,2	34,8	31,5	28,9	26,0	21,6	17,3	13,7	10,9	9,39	8,23	7,01	6,26
19	38,6	36,2	32,9	30,1	27,2	22,7	18,3	14,6	11,7	10,1	8,91	7,63	6,84
20	40,0	37,6	34,2	31,4	28,4	23,8	19,3	15,5	12,4	10,9	9,59	8,26	7,43
25	46,9	44,3	40,6	37,7	34,4	29,3	24,3	19,9	16,5	14,6	13,1	11,5	10,5
30	53,7	50,9	47,0	43,8	40,3	34,8	29,3	24,5	20,6	18,5	16,8	15,0	13,8
40	66,8	63,7	59,3	55,8	51,8	45,6	39,3	33,7	29,1	26,5	24,4	22,2	20,7
50	79,5	76,2	71,4	67,5	63,2	56,3	49,3	42,9	37,7	34,8	32,4	29,7	28,0

Lösungen

Kapitel 1

1.6.1 a) $D = A \cap B \cap C$
   b) $E = A \cap B$
   c) $F = \overline{A} \cap \overline{B} \cap \overline{C} = \overline{A \cup B \cup C}$
   d) $G = \overline{A} \cap B \cap C$
   e) $H = (A \cap \overline{B} \cap \overline{C}) \cup (\overline{A} \cap B \cap \overline{C}) \cup (\overline{A} \cap \overline{B} \cap C)$.

1.6.2 a) 1/6   b) 1/12
   c) 2/3   d) 3/4
   e) 7/18 f) 5/9.

1.6.3 a) 0,001   b) 0,027
   c) 0,028   d) 22 Schüsse.

1.6.4 a) $B_n = \overline{A}_1 \cap \overline{A}_2 \cap \ldots \cap \overline{A}_{n-1} \cap A_n$

   b) $P(B_n) =$

1.6.5 a) 0,008   0,116   0,444   0,432
   b) 0,876.

1.6.7 1/48.

1.6.8 1/4.

1.6.9 0,416.

1.6.10 a) 630   b) ~1/6.

1.6.11 $2(n - k - 1)/n(n - 1)$.

Kapitel 2

2.6.1 a) und c)   unabhängig
   b), d) und e)   abhängig.

2.6.2 a) $P(A) = 0,3$ b) $P(A) = 0,916$.

2.6.3 a) 1/3   b) 0,1   c) 1/2.

2.6.4 Sei A = "Einbruch" und B = "Alarmanlage funktioniert".
   a) $P(B) = 0,0147$ b) $P(A|B) \approx 1/3$.

2.6.5 a) $S = A \cap (B \cup C)$ c) $P(S) = 0,672$
   d) 30 %.

2.6.6 $P(S) = 0{,}9769$.

2.6.7 $P(A_2) = 1/15$, $P(A_3) = 2/15$, $P(A_4) = 1/5$,
$P(A_5) = 4/15$, $P(A_6) = 1/3$.

2.6.8 Die Ereignisse sind nur für $n = 3$ unabhängig.

2.6.9 a) $1/3$ \qquad b) $13/30$.

2.6.10 a) 0,3277 \quad 0,0003 \quad 0,9421 \quad 0,0579
b) 0,2622 \quad 0,7653 \quad 0,9849.

Kapitel 3

3.6.1 $P(X=0) = 1/8$, $P(X=1) = 1/2$, $P(X=2) = 1/4$ und
$P(X=3) = 1/8$; $E(X) = 11/8$, $Var(X) = 47/64$.

3.6.2 a) $P(X=k) = (5/6)^{k-1}/6$ $(k=1,2,...)$
b) $E(X) = 6$, $Var(X) = 30$ \qquad c) $17/11$.

3.6.3 0,9298.

3.6.4 a) $a = 6/\pi^2$ \qquad b) existieren nicht.

3.6.5 $P(S) \approx 0{,}54$.

3.6.6 $P(X=k) = 1 - (2/3)^k$ $(k=1,2,...)$.

3.6.7 Sei $Y =$ " Anzahl der gezogenen weissen Kugeln " und
$Z =$ "Anzahl der gezogenen schwarzen Kugeln ".
Strategie S_1: Man hört auf, falls $Y > Z$ oder falls $Y = Z = 2$:
$E(X_1) = 2/3$
Strategie S_2: Man hört auf, falls $Y = 2$: $E(X_2) = 2/3$.

3.6.8 a) 0,375 \qquad b) $(2n)!/(n!)^2 2^{2n}$
c) $1/\sqrt{\pi n}$ \qquad d) 0,056.

3.6.9 a) $5/2$ \quad $35/12$ \qquad b) 6 \quad $35/3$
c) $55/6$ \quad 79,1.

3.6.10 a) Gerät altert nicht
b) $p_k = (2/3)^k/3$.

Kapitel 4

4.7.1 a) $a = 1/3$ \qquad b) $5/8$ und $1/3$
c) 2 und $5/6$.

4.7.2 a) $a = 3$ b) $F(x) = 1 - (x+1)^{-3}$
 c) 0,5   d) 0,256.

4.7.3 a) $a = 1/\pi$ b) $1/4$
 c) existieren nicht   d) $g(y) = 2f(y)$ falls $y \geqslant 0$.

4.7.6 $g(y) = (4\ y)^{-1}$ falls $16 \leqslant y \leqslant 36$.

4.7.9 a) Man erhält $F(x) = x$ $(0 \leqslant x \leqslant 1)$
 und $G(y) = 1 - e^{-y} = P(X \leqslant \varphi^{-1}(y)) = \varphi^{-1}(y)$,
 wobei $\varphi^{-1}(y) = 1 - e^{-y}$
 und $y = \varphi(x) = -\ln(1-x)$ $(0 \leqslant x \leqslant 1)$.

4.7.10 32 750 fr.

4.7.11 $\mu = 11{,}41$ mm $\sigma = 1{,}5$ mm.

4.7.13 4/45.

Kapitel 5

5.5.1 a) $h(x, y) = 2\,e^{-(x + 2y)}$ $(x \geqslant 0, y \geqslant 0)$
 b) $P(X < Y) = 1/3$.

5.5.2 a) $a = 24$ b) $f(x) = g(x) = 12(1-x)^2$ $(0 \leqslant x \leqslant 1)$
 c) $\rho_{x,y} = -2/3$.

5.5.3 a) negative Korrelation b) $-1/3$.

5.5.4 0,968. Es besteht eine Abhängigkeit zwischen X und Y. Diese ist jedoch nicht linear, denn $\rho_{x,y} < 1$.

5.5.5 24.

5.5.6 a) $Z = |X - Y|$, woraus $k(z) = 2(1-z)$ $(0 \leqslant z \leqslant 1)$ und $E(Z) = 1/3$ folgt.

5.5.7 $K(z) = z(1 - \ln z)$ $(0 \leqslant z \leqslant 1)$
 $k(z) = -\ln z$ $(0 < z \leqslant 1)$.

5.5.9 a) Poissonverteilung mit Parameter $\lambda + \mu$
 b) $P(X = k | Z = n) =$

5.5.10 0,005.

5.5.11 $k(z) = \begin{array}{l} 1/4 \quad (0 \leqslant z < 1) \\ 1/2 \quad (0 \leqslant z < 2) \\ 1/4 \quad (2 \leqslant z < 3). \end{array}$

5.5.12 $k(z) = \begin{cases} 1 - e^{-z} & (0 \leqslant z < 1) \\ (e-1)e^{-z} & (z \geqslant 1) \end{cases}$

5.5.13 a) $a = 1$
b) $R_k(t) = e^{-t/2}$, $R(t) = 2e^{-t/2} - e^{-t}$
c) $\tau_k = \pi/2$ und $\tau = (2 - 1/\sqrt{2})\tau_k$.

5.5.14 2 und 4.

Kapitel 6

6.4.1 0,978.

6.4.2 a) 0,8152 b) 0,8106.

6.4.3 0,762.

6.4.4 a) 0,966 b) 0,0149
c) 0,807.

6.4.5 a) 0,920 b) 0,97.

6.4.6 a) $P(X_1 = i) = p(1-p)^{i-1}$, wobei $p = 0,2$ und $i = 1, 2, \dots$
$P(X_1 = i, X_2 = j) = p(1-p)^{j-2}p^2$, wobei
$P(X_2 = j) = (j-1)(1-p)^{j-2}p^2$
c) 5k und 20k
d) 0,9332.

6.4.7 a) 0,112 b) 0,0125
c) $n \geqslant 108$.

6.4.8 0,742.

6.4.9 225.

6.4.10 0,0027.

Kapitel 7

7.7.1 a) (6,796; 8,364) b) $n \geqslant 44$.

7.7.2 (25,2; 37,8).

7.7.3 a) $\bar{x}^2/3$ b) $\bar{x}^2/2$.

7.7.4 a) (27,9; 35,1) b) (27,0; 36,0).

7.7.5 $E(U) = (1 - 1/n)\sigma^2$.

7.7.6 a) $a = n$
b) $\text{Var}(U^*) = 1/\lambda^2 > \text{Var}(\overline{X}) = 1/n\lambda^2$.

7.7.7 $(-0{,}03; 0{,}11)$ ist ein Vertrauensintervall für $\mu = p_1 - p_2$; mit diesem Ergebnis lässt sich ein Qualitätsunterschied der beiden Maschinen nicht begründen.

7.7.8 $(-0{,}01; 0{,}25)$ ist ein Vertrauensintervall für μ; die Hypothese, dass das Medikament wirkungslos ist, kann daher nicht zurückgewiesen werden.

7.7.9 a) $(31{,}2; 50{,}8)$ b) nein.

7.7.10 a) $g(u) = n u^{n-1}/b^n$ $(0 < u < b)$
$a = (n+1)/n$
b) $b^2/n(n+2)$
c) $b^2/3n$, U^* ist daher der wirksamste Schätzwert.

7.7.12 $n \geq 1689$.

Kapitel 8

8.6.1 a) $R = \{\overline{X} \geq 2{,}742\}$ b) $\beta = 0{,}438$.

8.6.2 a) $\alpha = 1/8$ $\beta = 37/64$
b) $R = \{X \geq 17\}$ $\beta = 0{,}15$.

8.6.3 $u = 6{,}83 > 6{,}63$; man weist somit die Hypothese zurück, dass die Münze symmetrisch ist.

8.6.4 $\lambda = 0{,}70$, $u = 10{,}60 > 9{,}21$; H_0 wird zurückgewiesen.

8.6.5 $u = 3{,}27 < 3{,}84$; also gleiche Schlussfolgerung wie in Aufgabe 7.7.8.

8.6.7 $R = \{S^2 > 1690\}$; H_0 kann daher nicht zurückgewiesen werden.

8.6.8 a) $(7{,}32; 26{,}06)$ b) $(7{,}23; 27{,}70)$.

8.6.9 a) $\Gamma(\lambda/a, n)$ c) $(6{,}75; 16{,}39)$
c) $(5{,}62; 14{,}38)$.

8.6.17 $R = (-\infty, -1{,}711)$; H_0 wird angenommen.

8.6.18 $R = (30{,}6, \infty)$; H_0 wird angenommen.

Bibliographie

[1] J. BASS, *Éléments de calcul des probabilités*, Masson, Paris, 1967.
[2] M. BENYAKLEF, *Probabilités et statistique mathématique*, tome 1. Éditions Maghrébines, 1977.
[3] A. H. BOWKER, G. J. LIEBERMANN, *Méthodes statistiques de l'ingénieur*, Dunod, Paris, 1965.
[4] J. CARTIER, R. PARENT, J. M. PICARD, *Inférence statistique*, Éditions Sciences et Culture, Montréal, 1979.
[5] I. GUTTMAN, S. S. WILCKS, J. S. HUNTER, *Introductory Engineering Statistics*, J. Wiley, New York, 1971.
[6] J. HEINHOLD, K. W. GAEDE, *Ingenieur-Statistik*, R. Oldenburg, München, 1979.
[7] P. JAFFARD, *Initiation aux méthodes de la statistique et du calcul des probabilités*, Masson, Paris, 1978.
[8] C. LEBŒUF, J. L. ROQUE, J. GUEGAUD, *Cours de probabilités et de statistiques*, Ellipses, Paris, 1981.
[9] P. L. MEYER, *Introductory Probability and Statistical Applications*, Addison-Wesley, Reading, 1970.
[10] S. M. ROSS, *Introduction to Probability Models*, Academic Press, New York, 1980.
[11] G. SAPORTA, *Théories et méthodes de la statistique*, Technip, Paris, 1978.
[12] M. SCHWOB, G. PEYRACHE, *Traité de fiabilité*, Masson, Paris, 1969.
[13] M. R. SPIEGEL, *Probabilités et Statistique*, McGraw-Hill, Paris, 1981.
[14] K. S. TRIVEDI, *Probability and Statistics with Reliability, Queuing and Computer Science Applications*, Prentice-Hall, Englewood Cliffs, 1982.
[15] R. E. WALPOLE, R. M. MYERS, *Probability and Statistics for Engineers and Scientists*, Macmillan, New York, 1978.

Sachverzeichnis

Ablehnungsbereich 134, 136
Alternativhypothese 135
Annahmebereich 136
Anpassungstest 128, 132
Approximationsmethode 101, 103, 105
Ausfalldichte 76, 94
Ausfallrate 65, 77
Axiome 17

Baumdiagramm 32
Bereich
− kritischer 136
Bernoulliexperiment 49
Bernoulliverteilung 49
Bindung
− stochastische 109
Binomialkoeffizient 25
Binomialverteilung 36, 50, 56, 94
− negative 52

Cauchyverteilung 72, 131

χ^2-Test 133
χ^2-Verteilung 73, 80, 120, 129

De Morgan'sche Gesetze 14
Distributivität 14
Durchschnitt 14

Elementarereignis 13
Elementarereignisraum 13
Ereignis 13
− fast sicheres 22
− fast unmögliches 22
− sicheres 13
− unmögliches 13
Ereignisse
− disjunkte 14, 35
− sich ausschließende 14
− unabhängige 35
Erfolg 49, 51
Ergebnismenge 13
Erwartungswert 53, 73, 86
Experiment
− stochastisches 12
Exponentialverteilung 70, 74, 78

Faltungsintegral 92
Fehler
− erster Art 128, 136
− zweiter Art 128, 136
Fundamentalsatz
− der Kombinatorik 24

Funktion
− einer Zufallsvariablen 55, 68
− zweier Zufallsvariablen 93

Gammafunktion 128
Gesetz der großen Zahlen 123
Gleichverteilung
− diskrete 20, 49, 57
− stetige 21, 70, 74
Grenzwertsatz
− zentraler 101, 105

Herleitung von Wahrscheinlichkeitsmaßen 20
Histogramm 47
Hypothese
− statistische 127

Intervallschätzung 114, 119, 139

Kombinatorik 23
Komplementärereignis 14
Korrelationskoeffizient
− linearer 87
Kovarianz 87
− einer Stichprobe 143

Lebensdauer 76, 94
− mittlere 77

Mischverteilung 67
Mißerfolg 49
Mittelwert 115, 116
− einer Stichprobe 112
− empirischer 110
Modell
− theoretisches 48, 69
Moment
− k-ter Ordnung 56
− zentrales 56

Normalverteilung 71, 74, 94, 101
− zweidimensionale 84, 89, 143

Parallelsystem 40, 95
Parameter 53, 56, 109, 135
Parametertest 128, 136, 140
Pascalverteilung 51
Permutation
− mit Wiederholung 25
Poisson-Prozeß 52, 97, 146
Poissonverteilung 51, 56, 94

Produkt
- kartesisches 15, 18
Produktmenge 15
Produktwahrscheinlichkeit 18
Produktwahrscheinlichkeitsraum 18
Prozeß
- stochastischer 51
Prüffunktion 136
Punktschätzung 110, 120

Randdichte 83
Randverteilung 82
Rayleighverteilung 72
Redundanz
- aktive 95
- passive 95
Reihe
- statistische 110

Satz
- von Bayes 32
- von der totalen Wahrscheinlichkeit 31
Schätzwert 110, 120
Schätzfunktion 112
- erwartungstreue 112
- konvergente 112
- unverzerrte 112
- wirksamere 112
Seriensystem 39, 94
Signifikanzniveau 134
Stabdiagramm 47
Standardabweichung 53
Standardnormalverteilung 70, 74, 93, 101
Statistik
- beschreibende 110, 111
Stetigkeitskorrektur 103, 105
Stichprobe
- empirische 110
- zufällige 91, 112
Stichprobenkovarianz 143
Stichprobenmittel 112
Stichprobenumfang 112
- großer 117
- minimaler 112, 122
Stichprobenvarianz 113, 116
Studentverteilung 73, 116, 131
System 38
- k-von-n 39, 95

Test 109
- einer Hypothese 127
- einseitiger 139
- statistischer 127
- zweiseitiger 139
Testverfahren 109

Unabhängigkeit
- stochastische 18
- zweier Experimente 18, 35
- zweier Ereignisse 34
- zweier Zufallsvariablen 85, 92
Unabhängigkeitstest 128, 140
Urnenmodell 25, 35, 38, 41

Varianz 53, 73
- einer Stichprobe 113, 116
Variation 24
Vereinigung 14
Verhalten
- asymptotisches 101
Verteilung 47, 64
  (s.a. Wahrscheinlichkeitsverteilung)
- empirische 48, 134, 141
- geometrische 50, 56
- hypergeometrische 52
- theoretische 134, 141
- zweidimensionale 82, 83
Verteilungsfunktion 65, 75, 84
Vertrauensintervall 114, 116, 120
- einseitiges 120
- symmetrisches 121
- zweiseitiges 120
Vertrauensniveau 114

Wahrscheinlichkeit 7
- bedingte 18, 29, 34
Wahrscheinlichkeitsdichte 63
- zweidimensionale 83
Wahrscheinlichkeitsmodell 12, 23, 35, 110
Wahrscheinlichkeitsverteilung 17, 46, 64
- zweidimensionale 82
Wahrscheinlichkeitsraum 17

Zeitpunkt des Ausfalls 76
Zerlegung 14, 31
Ziehung
- mit Zurücklegen 36, 52
- ohne Zurücklegen 36, 52
zufällig 20, 22
Zufallsexperiment 12, 49
- zusammengesetztes 15, 32
Zufallsgröße 45
Zufallsvariable 45
- diskrete 45
- normierte 55
- standardisierte 55
- stetige 45, 63
Zufallsvektor 46, 73
Zuverlässigkeit 32, 38, 76, 94
Zuverlässigkeitsfunktion 76, 94
Zuverlässigkeitsschaltbild 39